ẨM THỰC
QUÊ HƯƠNG

국립농업과학원 지음

ẨM THỰC
QUÊ HƯƠNG

한국전통 향토음식

21세기사

Lời mở đầu

Ẩm thực hàn quốc là thực đơn trọng tâm của trế độ ăn chay và được dùng từ những thực phẩm lên men vì thế rất tốt cho sức khỏe. Sự hấp dẫn của tạo hóa là ngũ sắc và ngũ cốc, công thức chế biến thức ăn đơn giản và gần gũi với thiên nhiên, làm sống lại hương vị của thành phần thực phẩm tự nhiên là thực tế của việc sắp sếp một bàn ăn thịnh soạn và đầy đủ . đối với người hàn quốc ẩm thực là thuốc, Cùng với định nghĩa từ điều cơ bản đó (藥食同原) mà gần đây đã kéo theo sự quan tâm đặc biệt tới sức khỏe và đang trưng bày giải thưởng cho chế độ ăn uống trong tương lai.

Từ xa xưa hàn quốc đã có câu Sintobulyi(đất và thân thể không phải là hai) đó chính là thực phẩm được sản xuất tại khu vực mình đang sống phải được sử dụng một cách ưu tiên, theo đó các khu vực đã giữ gìn và đẩy mạnh sự phát triển tính độc đáo của ẩm thực quê hương mình cho tới nay. ở khu vực đông bắc nhiều núi, ở miền ven biển hoặc hải đảo, sự phát triển của khu vực đồng bằng rộng rãi phía tây nam tương đối giống nhau thế nhưng vẫn mang theo những nét đặc trưng khác của văn hóa ẩm thực và ẩm thực. được liên kết cho tới nay.

Trong cuốn sách này có 100 loại ẩm thực quê hương được lựa chọn từ 9 tỉnh thành của hàn quốc, để giới thiệu tới các bạn. Cuốn sách này đã phân loại ẩm thực theo tưng khu vực và cung cấp thông tin về nguyên liệu, hình ảnh, gi chú và công thức nấu ăn để các bạn có thể trực tiếp thử nghiệm được ẩm thực quê hương của hàn quốc. Thông qua ẩm thực đa dạng quê hương của hàn quốc chúng tôi mong rằng các bạn sẽ cảm nhận được tình cảm, văn hóa, tự nhiên và sự hấp dẫn của hàn quốc.

Khoa ẩm thực truyền thống hàn quốc
Viện khoa học nông nghiệp quốc gia
Văn phòng phát triển nông thôn

Nội dung

1

Mục món chính

Mục phụ	định nghĩa
1. Com	Là thực phẩm mà khối lương và độ dính sẽ nở ra. đổ khoảng 1.2 đến 1.5 lần nước vào xoong bao gồm gạo và ngũ cốc rồi cho lên nấu. có khi còn bỏ gạo cùng với rau xanh ,hải sản và thịt vào để nấu.
2. Cháo	Đổ khoảng 6 đến 7 lần nước vào gạo, mạch, kê sau đó đun cho thật kỹ cho tới khi hạt gạo hoàn toàn tan chảy ra. có thể dùng một gạo để nấu hoặc có thể bỏ thêm các loại ngũ cốc khác hay các loại rau xanh, thịt, cá, dược phẩm vào để nấu cũng được.
3. Cháo loãng, món bánh puddinh bột gạo, bột	**Chào loãng** đổ nhiều nước vào ngũ cốc(hơn 10 lần) đun cho kỹ sau đó nọc nấy nước uống. **Món bành puddinh** là món ăn dùng nguyên liệu chủ yếu là ngô, bí đỏ, khoai tây, và cho đậu đỏ, bột ngũ cốc vào nấu chín **Bột** xay ngũ cốc ra sau đó nấy cặn đó đem phơi khô sau đó dùng bột đó để nấu cháo. thường dùng nước ép của Schisandra vào để khuấy.
4. Mì, món cháo lúa mì	**Mì** dùng bột mì, bột kiều mạch, bột khoai tây, nhồi cho thật đều và mịn sau đó thái sợi mỏng, món này có thể ăn cùng với nước dùng hoặc trộn cùng với các loại gia vị ăn cũng được. **Món cháo lúa mì** so với cách nhào bột của món mì thì món này nhào bột gieo hơn một chút sau đó bấu từng miếng mỏng theo hình dạng tự nhiên bỏ vào xoong canh đun cho chín rồi ăn. nước canh có thẻ dùng thịt hoặc cá trống để nấu
5. Bánh bao nhân thịt	Dùng bột mì, bột kiều mạch hoặc bỏ thêm rau xanh vào táng mỏng ra để làm vỏ bánh và dùng thịt bò, thịt gà, đậu phụ ,giá đỗ để làm nhân rồi nấu chín. bánh bao nhân thịt có thể luộc, hấp, rán hay co thể bỏ vào xoong nước dùng hoặc nước canh nấu lên ăn cũng được.
6. Canh tteok (canh bánh gạo)	Là món ăn dùng bột gạo hấp chín bỏ vào cối giã sau đó làm thành bánh gạo trắng, thái nát hình bầu dục rồi bỏ vào nước canh nấu chín. ngày xưa đã dùng thịt chim trĩ để làm nước dùng(nước canh) nhưng ngày nay thì dùng thịt bò, thịt lợn hay theo từng khu vực có thể dùng cả hà, cá trống, hoặc các loại hải sản khác. đặt thịt rang, trứng rán thái sợi và hành lên trên.
7. Khác	Dù không được bao gồm trong phần mục chính nhưng cũng không bao gồm trong phần mục phụ

Các món phụ

Mục phụ	định nghĩa
1. Canh	Dùng các loại cá, thịt, rau hay rong biển khô, cho nước vào đun sôi lên là thành nước dùng. **Jangguk** là loại canh dùng nước hoặc nước dùng từ thịt bò thăn sau đó cho xì dầu canh vào nêm cho vừa miệng rồi cho các nguyên liệu còn lại vào đun chín **Tojangguk** là loại canh dùng đậu tương hoặc tương ớt cho vào nước gạo nêm cho vừa miệng sau đó cho các nguyên liệu còn lại vào đun chín **Gomguk** là loại canh dùng các bộ phận của các loại thịt, nấu cho thật nhừ sau đó cho muối vào nêm cho vừa miệng **Nengguk** là loại canh dùng nước dùng lạnh cho xì dầu canh vào nêm cho vừa miệng sau đó cho các nguyên liệu tươi vào là ăn được
2. Chige và jeonggol	**Chige** là món canh có phân lượng cái và nước là 1:1 so với canh bình thường thi chige có lượng nước ít hơn, và theo từng nguyên liệu cho vào canh, canh sẽ có tên khác nhau như: tương đậu chige, tương ớt chige, mắm chige **Jeonggol** là món canh dùng các nguyên liệu như các loại thịt, hải sản, rau xanh bỏ vào xoong sau đó cho nước dùng vào đun chín và ăn ngay
3. Kim chi	Là món dùng các nguyên liệu như các loại rau xanh, các loại hải sản, dùng các nguyên liệu đó cho muối vào ướp cho ngấm đều sau đó cho ớt, hành, tỏi, gừng, và các gia vị khác như mắm vào bóp cho đều rồi đóng vào hũ để lên men
4. Rau	**Rau sống** rau xanh cứ để thế ăn hoặc bỏ muối vào cho ngấm rồi bóp gia vị **Sukchae(rau chín)** cho rau xanh vào trần qua sau đó cho gia vị vào bóp hoặc cho đầu ăn vào xào **Khác** không có bao gồm trong các món rau sống hay rau chín mà là món dùng thịt, rau và cho các nguyên liệu khác vào trộn đều
5. Nướng	Dùng các loại thịt, hải sản ,deodeok hoặc các loại rau giống với deodeok ướp muối hoặc các loại gia vị khác vào nướng lên là được

Các món phụ

Mục phụ	định nghĩ a
6. Om, kho và món hầm	**Om, kho** dùng nguyên liệu như các loại thịt ,hải sản, rau củ, bỏ gia vị vào ướp cho đậm đà sau đó cho lên kho khi kho vặn nhỏ lửa đun thật kỹ cho nguyên liệu ngấm gia vị . gia vị chủ yếu của món kho là xì dầu nhưng những loại cá có vị tanh nhiều như cá thu, cá thu đao thì phải bỏ thêm tương đỗ và tương ớt vào kho **Món hầm** so với chige thì lượng nước ít hơn còn so với món kho thì lượng nước nhiều hơn một chút, nguyên liệu chủ yếu được dùng cho món này là các loại hải sản khi làm món này có thể rán nguyên liệu lên sau đó cho nước vào nấu cũng được.
7. Xào, kho	**Xào** dùng nguyên liệu như các loại thịt, rau củ, hải sản, rong biển khô, các loại ngũ cốc hay các loại đỗ cho dầu ăn vào xào chung. chỉ dùng dầu ăn để xào cũng được hoặc khi xào có thể cho thêm xì dầu, đường vào để tăng thêm hương vị cũng được **Kho** là các món cho đường, xì dầu, dầu ăn vào kho cho cạn ráo nước, ví như món bào ngư kho, trai biển kho.
8. Món rán	**Món rán** món này dùng các nguyên liệu như các loại thịt, hải sản, rau, rong biển cắt miếng mỏng ra hoặc thái nát mỏng ra cho muối, hạt tiêu vào ướp rồi rắc bột mì lên sau đó nhúng trứng cho đều rồi cho lên rán. còn được gọi là Jeonyueo hay jeonyuhwa **Món xiên nướng** món này dùng các nguyên liệu như các loại thịt, hải sản, rau, rong biển thái ra, độ mỏng(khoảng 1cm) độ dài(khoảng 8~10cm) lựa chọn mầu sắc cho phù hợp sau đó xiên vào que rồi rắc bột mì lên sau đó nhúng trứng cho đều rồi cho lên rán

Các món phụ

Mục phụ	định nghĩ a
9. Món hấp và seon	**Món hấp** món này dùng nguyên liệu thái miếng lớn rồi ướp gia vị sau đó cho lên hấp thật kỹ. có thể dùng hơi nước để hấp hay dùng hơi nóng để hấp cũng được **Seon** món này dùng nguyên liệu chủ yếu là dưa leo, bí, đậu phụ cùng các nguyên liệu khác. lấy các nguyên liệu trần qua bằng nước sôi khi ăn chấm với xì dầu pha nước dấm
10. Gỏi (Raw or slightly cooked foods)	**Gỏi sống** món này là món ăn sống, nguyên liệu là các loại thịt, hải sản, rong biển, dùng nguyên liệu này thái nát mỏng chấm với dấm ớt, xì dầu mù tạc hoặc muối hạt tiêu ăn là được **Suk hoe** nguyên liệu là các loại thịt, hải sản, rong biển, dùng nguyên liệu này trần qua nước sôi rồi ăn là được **Choo hoe** nguyên liệu là các loại thịt, hải sản, rong biển, dùng nguyên liệu này mang bóp với xì dầu, dấm(hoặc muối) nêm cho vừa miệng ăn là được **Kang heo** (回) nguyên liệu của gỏi là rau cần, hành và các loại rau ngon khác sau đó trộn đều rồi chấm với dấm ớt và ăn là được **Gỏi nước** dùng cá thái nát mỏng rồi cho các gia vị như hành, tỏi, bột ớt vào trộn đều sau đó đổ nước vào là được
11. Món ăn khô	**Bu gak** nguyên liệu của món này là các loại rau và các loại hải sản, đem cháo gạo nếp đặc ra quét đều lên các nguyên liệu trên sau đó đem phơi khô để đó khi cần cho vào dầu ăn chiên lên là được **Đồ ướp muối** đem các nguyên liệu như các loại hải sản, các loại rong biển ướp gia vị cho đậm đà sau đó bảo quản để đó ăn là được **Twigak** dùng nguyên liệu chủ yếu là hải sản đem thái khúc ra không ướp một loại gia vị nào hết sau đó cho vào chảo dầu nóng chiên lên là được **Pho** dùng các loại hải sản và các loại rong biển đem ướp gia vị tán mỏng ra đem phơi khô là được
12. Lòng rồi, thịt luộc	**Lòng rồi** làm món nay cần cho tiết lợn, gạo nếp, giá đỗ trần, lá cải thảo trần cùng các loại gia vị khác vào trộn đều sau đó nhồi chặt vào lòng lợn. nhồi song lấy dây thắt chặt hai đầu lại rồi đem luộc(hấp) chín là được. **Pyeonyuk** món này dùng nguyên liệu là thịt bò thăn, bắp bò hay các loại thịt lợn khác đem luộc chín để nguội mang nén chặt sau đó thái nát mỏng ăn là được.

Các món phụ

Mục phụ	định nghĩ a
13. Thạch và đậu phụ	**Thạch** món này dùng bột của các loại nguyên liệu như kiều mạch, đậu xanh, quả dầu, sắn dây bỏ nước vào quậy đều đun chín để nguội cho đông lại ăn là được **Đậu phụ** đem đậu ngâm cho nở ra rồi xay nhuyễn đun sôi sau đó cho vào túi vải sạch để lọc lấy nước rồi bỏ nước cốt muối(thạch cao) vào khuấy đều khi thấy đậu đông thành cục thì đổ vào khuôn ép là được
14. Ssam	Dùng nguyên liệu như các loại rau xanh, rong biển đem gói với cơm, thực ăn rồi ăn là được. nguyên liệu có thể dùng sống hay nấu chín đều được
15. Jangajji	Món này dùng nguyên liệu là các loại thực vật(rau, củ, quả) đem trộn với nước muối, xì dầu, tương đậu, tương ớt rồi ủ cho chín là được
16. Mắm và sikhae	**Mắm** là món ăn dùng các nguyên liệu như thịt , nội tạng, trứng của các loại hải sản đem bỏ 20% muối vào trộn đều lên sau đó đóng thùng ủ là được. Tác nhân chính của quá trình phân hủy là chất men và vi sinh vật **Sikhae** đem thịt của cá đã ướp muối trộn đều với cơm(cơm nấu từ hạt kê, cơm) củ cải thái sợi, bột ớt và các gia vị khác rồi đem ủ là được
17. Tương	Đem hạt đậu làm lên meju(viên đậu) mang đi ủ rồi làm lên những gia vị cơ bản như xì dầu, tương ớt, tương đậu.
18. Khác	Được bao gồm trong phần các món ăn phụ thế nhưng không được bao gồm trong phần mục phụ

Tteok liu(mục các loại bánh gạo)

Mục phụ	định nghĩa
1. Jjindeok (bánh gạo hấp)	Món này có tên gọi là bánh gạo hấp và dùng các loại bột ngũ cốc và các nguyên liệu trang trí cho vào nồi hấp, hấp lên là được
2. Chintteok (bánh giày)	Dùng ngũ cốc nấu cơm hoặc dùng các loại bột ngũ cốc cho vào nồi hấp hấp lên sau đó cho vào cối giã nhuyễn ra là được
3. Jijintteok (bánh rán)	Dùng bột ngũ cốc nhào cho thật mịn sau đó nặn hình rồi bỏ dầu ăn vào chảo cho lên rán là được
4. Bánh gạo luộc	Dùng bột ngũ cốc nhào cho thật mịn sau đó nặn hình rồi đem đi luộc sau đó vớt ra nặn với bột phủ ngoài cho đều là được
5. Khác	Được bao gồm trong mục bánh gạo thế nhưng không được bao gồm trong phần mục phụ

Gwajeongryu(các loại mứt)

Mục phụ	định nghĩa
1. Yumilgwa (Bột nhồi dầu với mật ong)	Bỏ mật ong và dầu ăn vào bột mì nhào cho thật mịn nặn hình rồi cho lên chảo dầu nóng chiên sau đó vớt ra đem xi rô bắp quét đều lên bề mặt là được
2. Yugwa	Món này dung nguyên liệu là bột gạo nếp cho nước đậu hoặc rượu vào nhào bột cho thật mịn rồi đem hấp chín sau đó khi dùng cho vào chả dầu nóng chiên giòn rồi vớt ra đem quét đường cho đều và rắc bột phủ ngoài lên là được
3. Dasik	Dùng nguyên liệu như bột của các loại ngũ cốc, bột của các loại cây thuốc, bột của các loại hạt, hoa bỏ mật vào nhào cho mịn sau đó cho vào khuôn đóng là được
4. Chunggwa (mứt)	Dùng nguyên liệu là dễ cây, thân (cây), các loại quả của các loài thực vật để cả hoặc thái nát cho vào luộc song bỏ ra đem cô với đường hoặc mật ong là được
5. Yeotgangjeong	Cho xi rô, xi rô đặc hoặc xi rô đường vào trộn đều với các nguyên liệu như đỗ, vừng, các loại hạt sau đó đổ ra tán thành phiến là được
6. Tang (xi rô)	Cho mầm lúa mạch khô vào các nguyên liệu như gạo, gạo nếp, ngô, khoai lang rồi đem trộn đều sau đó cô đặc là được
7. Khác	Được bao gồm trong mục Gwajeongrythế nhưng không được bao gồm trong phần mục phụ nào ở trên cả

Eumcheongryu
(mục các loại nước giải khát)

Mục phụ	định nghĩ a
1. Trà	Là loại nước uống dùng các nguyên liệu như các loại cây thuốc, hoa quả, lá trà đem xay thành bột hoặc để thế phơi khô, hay thái nhỏ ướp với mật ong hoặc đường để đó. khi dùng cho nước vào pha hoặc đun lên uống cũng được
2. Hwachae (nước hoa quả)	Là loại nước uống dùng hoa quả thái theo các hình dạng khác nhau đem ướp mật hoặc cứ để như thế rồi nước Ohmija, nước mật hoặc nước đường vào cho cái nổi lên là được
3. Sikhye	Lọc lấy nước từ bột mầm lúa mạch cho vào cơm(cơm nếp hoặc cơm tẻ) đem ủ trong thời gian và nhiệt độ cố định là được
4. Rượu Punch	Cho gừng và quế vào sắc ra nước ngọt rồi bỏ mật hoặc đường và hồng khô vào là được
5. Khác	Được bao gồm trong mụcEumcheong thế nhưng không được bao gồm trong phần mục phụ nào ở trên cả

Mục các loại rượu

Mục phụ	định nghĩ a
1. Rượu thuốc và rượu gạo	Đem ngũ cốc ủ cho lên men làm thành loại nước uống có cồn
2. Rượu cất	Là loại rượu đem ngũ cốc ủ cho lên men rượu sau đó đem cất lại một lần nữa cho lượng cồn tăng lên là được (các loại rượu)
3. Khác	Được bao gồm trong mục các loại rượu thế nhưng không được bao gồm trong phần mục phụ nào ở trên cả

2

[Seoul · Gyeonggido]

Seoul là thủ đô của Hàn Quốc từ thời Joseon và văn hóa vương thất đã ảnh hưởng nhiều tới hương vị và cách chế biến các món ăn của khu vực. Thêm nữa đây cũng là khu vực thu hút nhiều người, nhiều thực phẩm từ các địa phương khác đến, chính vì vậy các món ăn và nguyên liệu của khu vực này rất phong phú, đa dạng hơn bất cứ khu vực nào khác của hàn quốc. Các món ăn của Seoul không mặn cũng không cay, gia vị và mùi vị rất hòa hợp, trên bàn ăn lượng của mỗi món ăn thì ít nhưng số món ăn thì nhiều. Điển hình là Kim chi của khu vực này, khi muối người ta sử dụng nhiều cá Hố tươi và tôm tươi cùng với nước chiết có vị thanh đạm của cá Jogi muối, cá Hoanseok muối, tôm muối nên kim chi có mùi rất hấp dẫn và cũng có vị thanh đạm đặc trưng.

Seoul cũng là nơi sứ thần của các nước qua lại rất nhiều nên có nhiều đồ trang trí, trang sức hoa lệ và hấp dẫn.

So với seoul thì các món ăn của các địa phương thuộc khu vực Geonggido giản dị, lượng nhiều và gia vị cũng đơn giản hơn. Có nhiều món ăn giống như mì, beomboek được chế biến từ các nguyên liệu như: đậu đỏ, bột mì, ngô, khoai tây, bí....

Cháo củ sen

Nguyên liệu

Gạo 240g, củ sen 200g, nước 1.6lít, muối, dầu vừng 1 muỗng

Cách chế biến

1 Củ sen sau khi rửa sạch, bỏ vỏ, một phần thái ngang mỏng khoảng 0.3cm, một phần nghiền nhỏ.

2 Gạo vo sạch để ráo nước

3 Xào qua gạo và phần củ sen thái mỏng bằng dầu vừng sau đó đổ nước vào đun. Khi thấy hạt gạo bắt đầu nở thì bỏ phần củ sen nghiền nhỏ vào, tiếp tục đun sôi và nêm muối vừa miệng.

Ghi chú

Ở việt nam vào ngày bình thường người việt nam cũng rất hay ăn cháo.

Bánh bao Mandu Kaeseong[*]

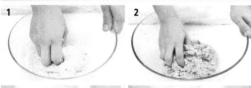

Nguyên liệu

Làm vỏ bánh bột mì: 220g (2 cốc), lòng trắng trứng gà: 1 cái, nước vừa phải, muối: 1 thìa cà phê.

Làm nhân bánh thịt bò: 100g, thịt lợn: 100g, đậu phụ: 150g, giá sống: 100g, kimchi:100g, lòng đỏ trứng: 1 cái, muối: một ít.

Gia vị để ướp thịt xì dầu: 1 thìa canh, hành lá thái nhỏ: 2 thìa canh, tỏi xay: 1 thìa canh, dầu vừng đen: 2 thìa canh, vừng xay: 1 thìa canh, hạt tiêu xay: 1 thìa cà phê.

Gia vị nêm nhân bánh mắm tôm: 1 thìa cà phê, bột ớt: 1 thìa cà phê, dầu vừng đen: 1 thìa cà phê, muối: vừa đủ.

Cách chế biến

1. Lọc bột mì và muối qua rây, sau đó trộn đều với lòng trắng trứng và nước, nhào thành bột. Lấy vải nhúng ẩm phủ lên trên bột để ủ trong 30 phút.
2. Thịt bò và thịt lợn băm nhỏ, trộn với gia vị ướp thịt.
3. Bỏ đậu phụ vào một miếng vải, bóp nát, sau đó trộn với gia vị làm nhân bánh.
4. Bỏ tí muối vào nước sôi để trụng qua giá sống. Sau đó vắt khô giá và băm nhỏ.
5. Vắt khô kimchi, cắt thành miếng nhỏ 0.5cm.
6. Trộn các thứ đã được chuẩn bị ở mục 2,3,4,5 với lòng đỏ trứng và muối để làm nhân bánh.
7. Lấy bột mì cán mỏng có độ dày 0.3cm, đường kính 6cm làm vỏ bánh.
8. Múc một thìa canh nhân để lên trên vỏ bánh, gập đôi, và miết 2 mép bánh với nhau, sau đó uốn cong. Luộc bánh đến khi chín thì lấy ra và trụng qua nước lạnh.
9. Có thể ăn khô chấm với gia vị hoặc có thể nhúng vào tương đậu rồi ăn với trứng rán cắt sợi và thịt.

Ghi chú

Mandu được du nhập từ Trung Quốc vào phía bắc bán đảo Triều Tiên. Vì thế miền Nam Hàn Quốc ít khi làm món này. Theo Cao Lệ Sử năm thứ 4 vua Trung Huệ (1343) có ghi rằng đã xử tội người vào bếp ăn cắp mandu. Điều đó chứng tỏ là bánh mandu có từ thời Cao Lệ. Ở Gyeonggi và Seoul món bánh này được gọi là Pyeonsu, có nghĩa là món "nhúng vào nước".

---

* Bánh Mandu này là món dễ ăn và khá phổ biến ở châu Âu. Ngoài bánh Mandu của Nhật Bản và Trung Quốc người ta có thể cũng thích bánh Mandu của Hàn Quốc.

Canh Teok Joraengi

Nguyên liệu

Teok viên: 500g, trứng gà: 50g (1 cái), tỏi tây, tỏi băm nhuyễn: 1 ít.
Nước dùng Nước xương hầm: 500g, thịt bò: (thịt ức) 200g, nước: 4L(20 ly), hành tây: 80g (1/2 củ), tỏi: 30g (1 củ), gừng: 10g (1/2 củ), tỏi tây: 20g (1/2 cây), hạt tiêu nguyên hạt: 1 thìa cafe, lượng xì dầu: vừa đủ, muối, 1 ít tiêu bột
Ướp thịt xì dầu: 1/2 thìa canh, hành lá băm: 1 thìa canh, tỏi băm: 1/2 thìa canh, vừng xay: 1/2 thìa canh, 1 ít tiêu bột

Cách chế biến

1 Ngâm gạo hơn 4 tiếng, chắt lấy nước, xay thành bột mịn. Sau đó đặt lên trên thớt nghiền và cắt bằng dao gỗ theo hình dạng nén làm thành bánh bột gạo.

2 Rửa sạch xương bằng nước lạnh, đun sôi, sau đó đổ nước đi và đun sôi thêm 1 lần nữa nấu cho đến khi nước trong là được. Bỏ ức bò vào trong nước xương hầm chung đến khi thịt mềm. Sau đó cho hành tây, tỏi, gừng, hạt tiêu vào đun cùng.

3 Khi nước dùng nguội thì dùng vải màn hay vải lọc bỏ váng mỡ, sau đó đun, nêm thêm nước tương và muối cho vừa ăn.

4 Thái thịt mỏng và cho tương gia vị thịt vừa đủ

5 Hành thái khúc dài 5cm rồi cho vào thịt.

6 Thịt và hành cắm xen kẽ vào cây xiên thịt, cho dầu vào chảo và rán.

7 Trứng tách riêng lòng đỏ rán mỏng và cắt thành hình thoi

8 Nước dùng đun sôi cho tỏi băm nhuyễn vào, rửa Teok qua nước và cho vào, sau đó cho tỏi tây cắt xéo (0.3cm) vào đun sôi, đổ nước dùng vào bát thịt xiên đã rán và trứng tráng mỏng.

Ghi chú

Nguồn gốc của canh Teok bắt đầu từ jolong. Theo phong tục trước đây Jolong có ý nghĩa trong việc phòng ngừa ma quỷ, ngăn ngừa rủi ro. Nó là cái bình cỡ nhỏ bằng hạt dẻ, trẻ con hay đeo trong dây áo hay dây túi. Ở khu vực Kaeseong người dân nấu canh Teok, làm Teok giống hình con Kén, màu Teok trắng sáng với ý nghĩa chào đón sự bắt đầu của tháng 10. Thêm nữa hình dáng của Teok cũng mang ý nghĩa là sự may mắn.

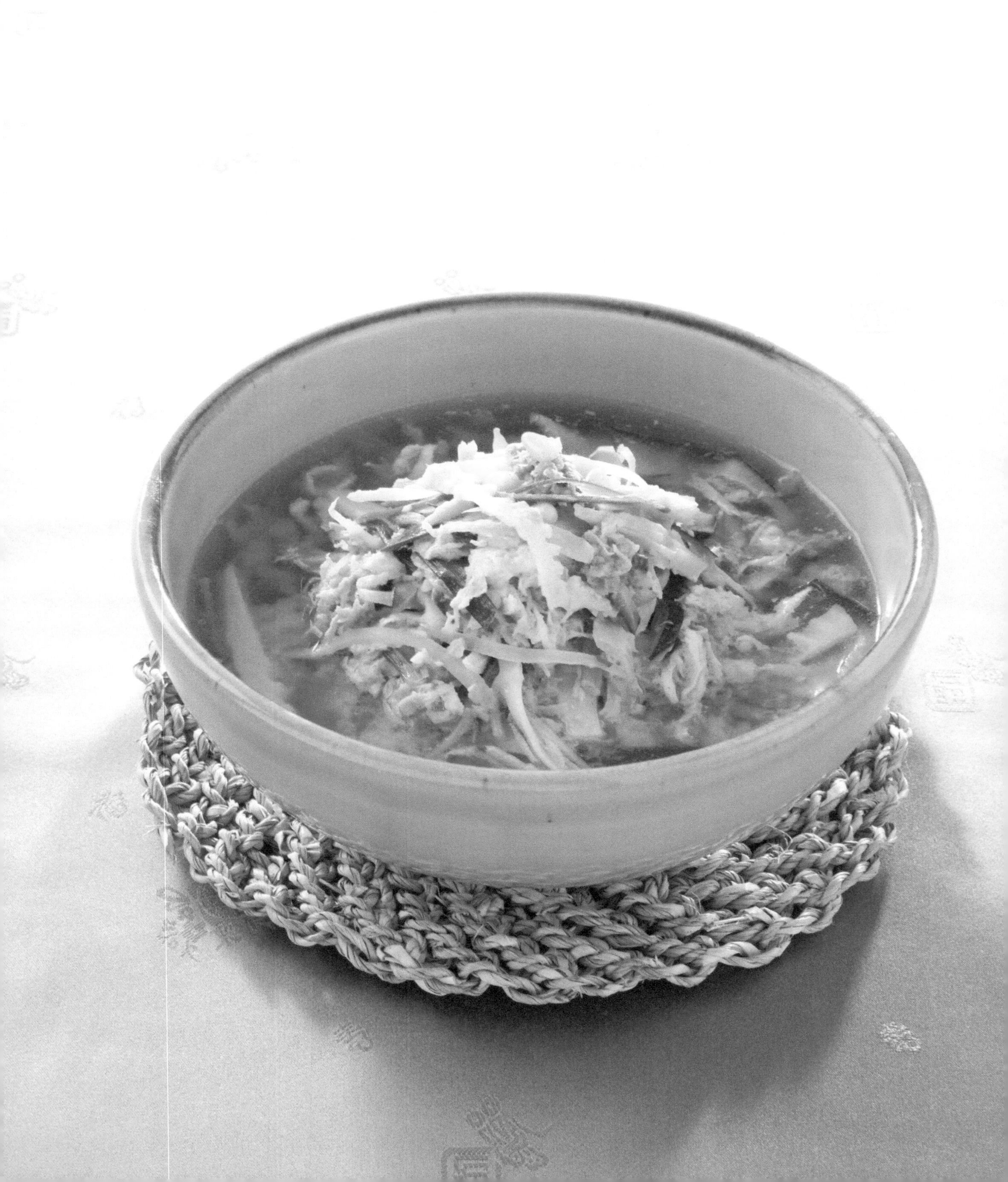

Canh gà Chogyothang

Nguyên liệu

Gà: 1 kg, củ cát cánh tươi: 80g, rau cần ta: 50g, măng tươi:100g, bột mì: 110g, trứng: 100g, hành lá: 30g, ớt đỏ: 10g, thịt bò: 100g, nấm hương khô: 10g, nước gà luộc: 2 lít(10 cốc), dầu vừng đen: 1/2 thìa canh, xì dầu canh, nước mắm, muối, tiêu: một ít.

Nước thịt gà nước: 2.6 lít, gừng: 20g, tỏi: 30g, hành tây: 100g.

Gia vị nêm thịt bò xì dầu 1 thìa canh, tỏi tây thái nhỏ: 1 thìa canh, tỏi xay: 1/2 thìa canh , đường: 1/2 thìa canh, dầu vừng đen: 1/2 thìa canh, tiêu: 1 ít.

Gia vị nêm thịt gà Muối 1 thìa cà phê, hành lá thái nhỏ: 1 thìa canh, tỏi xay: 1/2 thìa canh, dầu vừng đen: 1/2 thìa canh, nước gừng: 1 thìa cà phê, tiêu sọ xay: 1ít.

Cách chế biến

1 Thịt gà bỏ mỡ, luộc với gừng, tỏi, hành tây. Vớt thịt gà ra, bỏ da, xé thịt, cho xương vào nồi, nấu tiếp. Hớt bỏ váng mỡ bên trên nồi nước dùng. Sau đó dùng rây lọc lại nước dùng.

2 Xé nhỏ củ cát cánh, bóp với muối, rửa sạch cho hết vị đắng, rau cần cắt khúc dài 3cm, nhúng qua nước sôi. Măng cắt mỏng và xào. Ớt đỏ cắt khúc (3x0.3x0.3cm).

3 Thịt gà, củ cát cánh và rau cần trộn với gia vị nêm thịt gà.

4 Băm nhuyễn thịt bò. Nấm hương ngâm nước, cắt bỏ gốc, cắt dài 0.3cm, trộn với gia vị nêm thịt bò.

5 Lấy thịt bò và thịt gà trong mục 3,4 trộn với bột mì và trứng, cho hành lá vào, bóp nhẹ để không làm giập hành lá.

6 Đun sôi nước dùng, nêm thêm xì dầu, nước mắm (cá cơm), muối cho vừa ăn. Lấy thìa múc thịt (mục 5) bỏ vào nồi. Khi thịt chín nổi lên thì tắt lửa, nêm thêm dầu vừng và hạt tiêu.

Cá chim om*

Nguyên liệu

Cá chim: 480 gr

Gia vị nêm nước kho nước cá cơm khô: 200ml, tương ớt: 3 thìa canh, tương đậu: 1/2 thìa canh, nước mắm cá cơm 1/2 thìa canh, xì dầu canh 1/2 thìa canh.

Gia vị nêm cá hành lá thái nhỏ: 2 thìa canh, tỏi thái lát mỏng: 1 thìa canh, gừng: 2 thìa canh, dầu vừng đen: 2 thìa cà phê.

Cách chế biến

1 Chim cắt bỏ vây và ruột, khứa xéo.

2 Hành, tỏi, gừng thái nhỏ.

3 Tương ớt, tương đậu, xì dầu, nước mắm cá cơm cho vào nước cá cơm, đun sôi thì cho cá chim vào. Tiếp tục đun cho cạn dần.

4 Lấy thìa múc nước cá rưới lên trên cá cho gia vị thấm đều. Lấy gia vị ở mục 2 nêm thêm vào cá.

Ghi chú

Món này ít nước hơn món cá hầm. Nếu kho cá đến khi nước gần cạn thì có thể dùng xà lách cuốn ăn. Có thể thay cá chim bằng cá corbina.

* Người ta thích món cá này được chế biến ít nước hơn là nhiều nước.

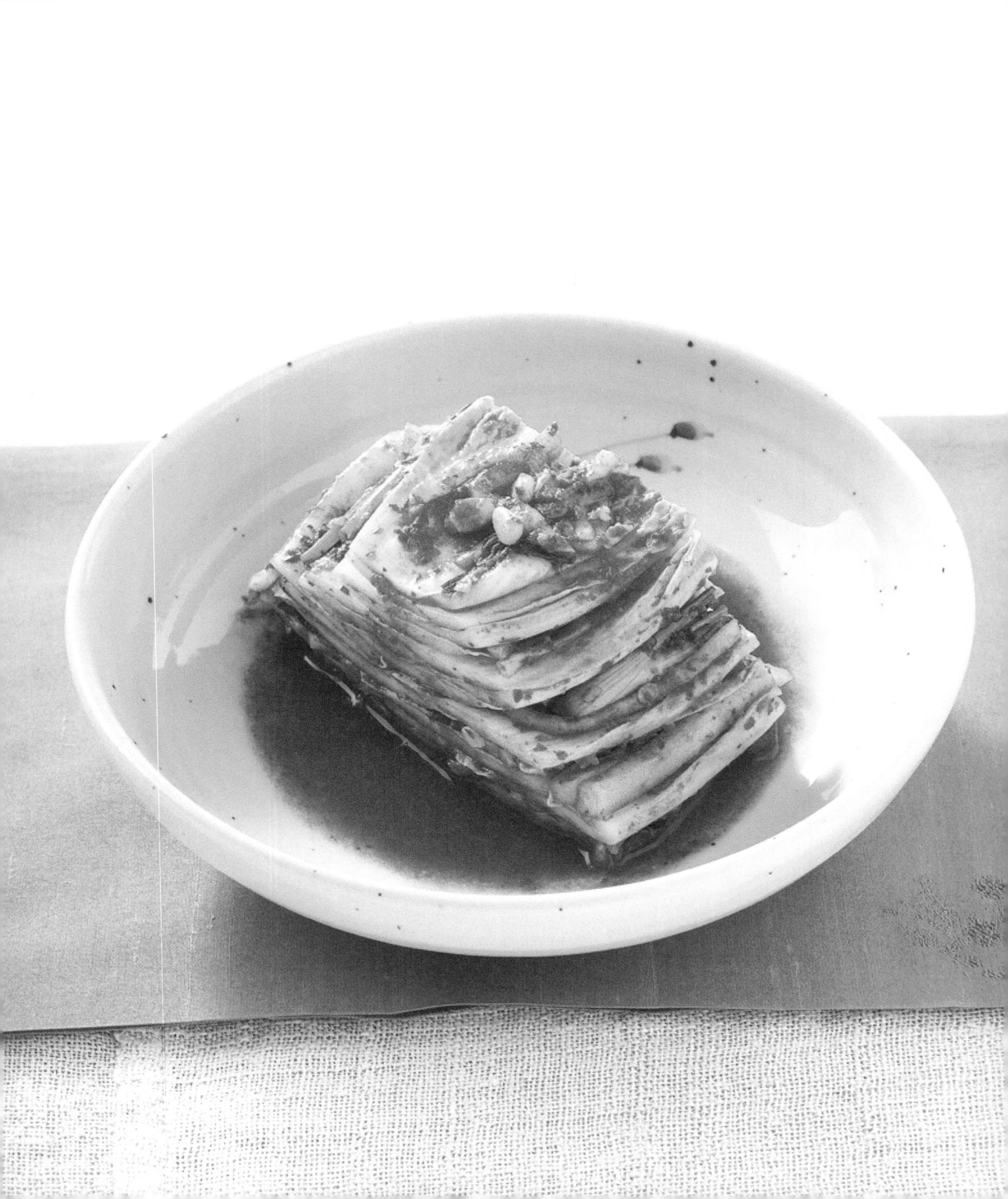

Kimchi Cải thảo

Nguyên liệu

Cải thảo 7kg (5 bắp), củ cải 2.5kg (3 củ), hành 400g, cải đắng (một loại rau cải của Hàn quốc) 1kg, cần tây: 600g, muối hột: 5 cốc, nước: 5L (25 ly)

Gia vị bột ớt: 10 cốc, tỏi xay: 300g (10 củ), gừng xay: 100g (5 củ), mắm tép: 250g (1 cốc), mắm cá Hoangseok 200g (1 cốc), mật ong 200g(1 cốc), tôm tươi: 300g (2 cốc), đường, muối vừa đủ.

Cách chế biến

1 Cải thảo tách các lá ngoài cùng, cây to chia thành 4 phần, cây nhỏ chia thành 2 phần. Dùng dao nhỏ tách đôi từ gốc tách lên, tách đến khi còn một nửa thì dùng tay để tách.

2 Cải thảo sau khi tách ngâm vào nước muối, lượng muối còn lại rắc nhẹ lên trên, trong 5 tiếng thỉnh thoảng lật lên lật xuống thay đổi trên dưới.

3 Cải thảo sau khi ngâm cho vào rổ sạch để ráo nước.

4 Củ cải rửa sạch cắt khúc (5x0.2x0.2cm), cần tây, hành, gat rửa sạch cắt dài 4cm.

5 Mắm tép xay rồi vắt lấy nước.

6 Sau khi cho bột ớt vào trong nước nóng, tiếp tục cho nước mắm tép và mắm cá Hoangseok vào sau đó cho củ cải vào trộn với muối

7 Tiếp tục cho mắm tép, gừng băm, tỏi băm vào phần 6, sau khi trộn đều thì cho cần tây, kimchi cải đắng, hành vào, trộn lên, sau khi nêm vừa muối, đường cuối cùng cho tôm tươi và sò vào trộn đều.

8 Nhét những thứ ở mục số 6(gồm hành, tỏi, gừng, hạt thông bóc bỏ, nước mắm, sò, ớt bột) vào giữa các lá cải thảo sau đó bọc lại toàn bộ bằng lá cải thảo ở bên ngoài.

9 Cho cải thảo vào hũ (thường làm bằng sứ) chú ý để phần mặt cắt của lá cải thảo lên trên, sau đó dùng các lá bên ngoài đã ngấm gia vị phủ lên, rồi dùng tay nén chặt.

Ghi chú

Người Hàn quốc rất thích ăn kimchi cải thảo, bạn có thể dễ dàng mua Kimchi cải thảo ở các cửa hàng hay siêu thị ở Hàn quốc.

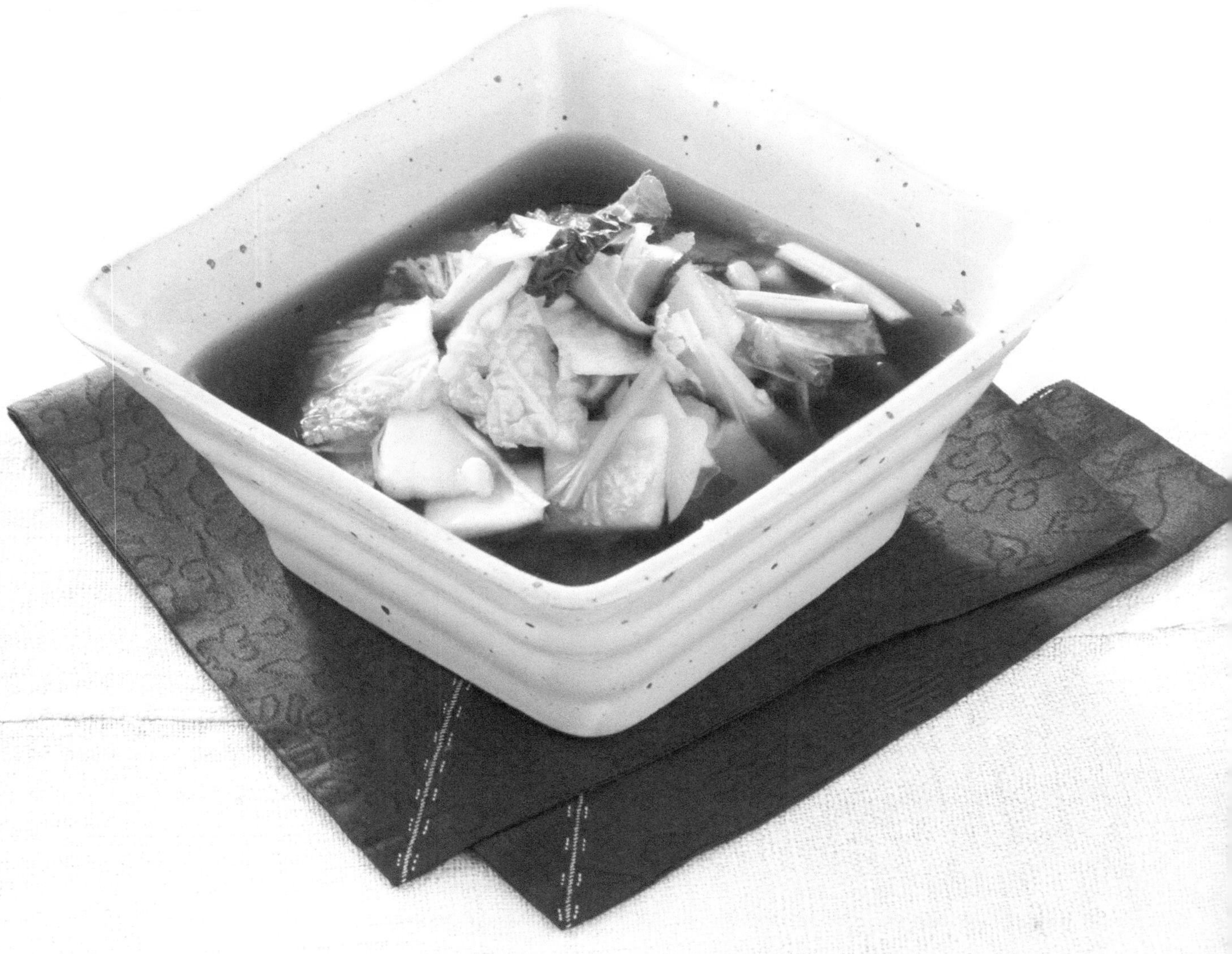

Kim chi tương[*]

Nguyên liệu

Cải thảo: 400g, củ cải: 150g, rau cần ta: 100g, cải đắng: 150g, hành lá nhỏ: 50g, nấm hương khô: 10g, nấm mèo: 3g, hạt dẻ: 100g, táo đỏ khô: 20g, hồng ngâm: 140g, lê: 370g, tỏi:30g, gừng: 10g, quả hạch: 1 thìa canh, xì dầu: 1/2 cốc.
Nước để nấu xì dầu:1/2 cốc, nước 1/2 lít, đường (mật ong): 2 thìa canh.

Cách chế biến

1 Cải bắp thảo, bỏ lá bên ngòai, tách riêng từng lá, cắt khúc (3x3.5cm).

2 Củ cải chọn củ cứng, tránh củ bị xốp. Rửa sạch, cắt miếng nhỏ hơn miếng cải thảo.

3 Ướp củ cải và cải thảo với xì dầu, trộn đều. Để ngâm một lúc.

4 Cải đắng và cọng cần (chỉ dùng phần thân) rửa sạch, cắt khúc dài 3.5cm. Nấm hương ngâm nước rồi cắt nhỏ, nấm mèo cắt sợi dài bề ngang 0.2cm.

5 Hạt dẻ cắt dày 0.3cm. Táo đỏ bỏ hạt, cắt mỗi quả thành 3 phần.

6 Hồng ngâm và lê, gọt vỏ, cắt miếng bằng miếng củ cải, hành lá lấy phần trắng, cắt dài 3.5cm. Tỏi và gừng cắt miếng nhỏ.

7 Hành lá lấy phần trắng, cắt dài 3.5cm, tỏi và gừng cắt nhỏ.

8 Ngắt bỏ phần phần vỏ đầu nhỏ của hạt hạch, lấy vải khô lau sạch.

9 Củ cải và cải thảo sau khi trộn với xì dầu (mục 3) để 1 ngày, nêm nếm cho vừa, đổ nước dùng vào để nấu.

Ghi chú

Đặc trưng của kimchi tương là có vị ngọt của củ cải và bắp thảo được kết hợp với xì dầu. Loại kimchi này nhanh chua nên khó có thể để lâu được. Nếu khí hậu mát thì 4-6 ngày có thể ăn được, vào mùa hè thì chỉ cần 2 ngày là có thể ăn được. Vì vậy món này ăn vào mùa thu và mùa đông thì ngon hơn. Khi lấy ra đĩa thì lấy hạt quả hạch rải lên trên. Món này không phải là món ăn hàng ngày mà thường dùng để đãi khách.

* Món này được ưa chuộng vì có rau quả và không bị cay.

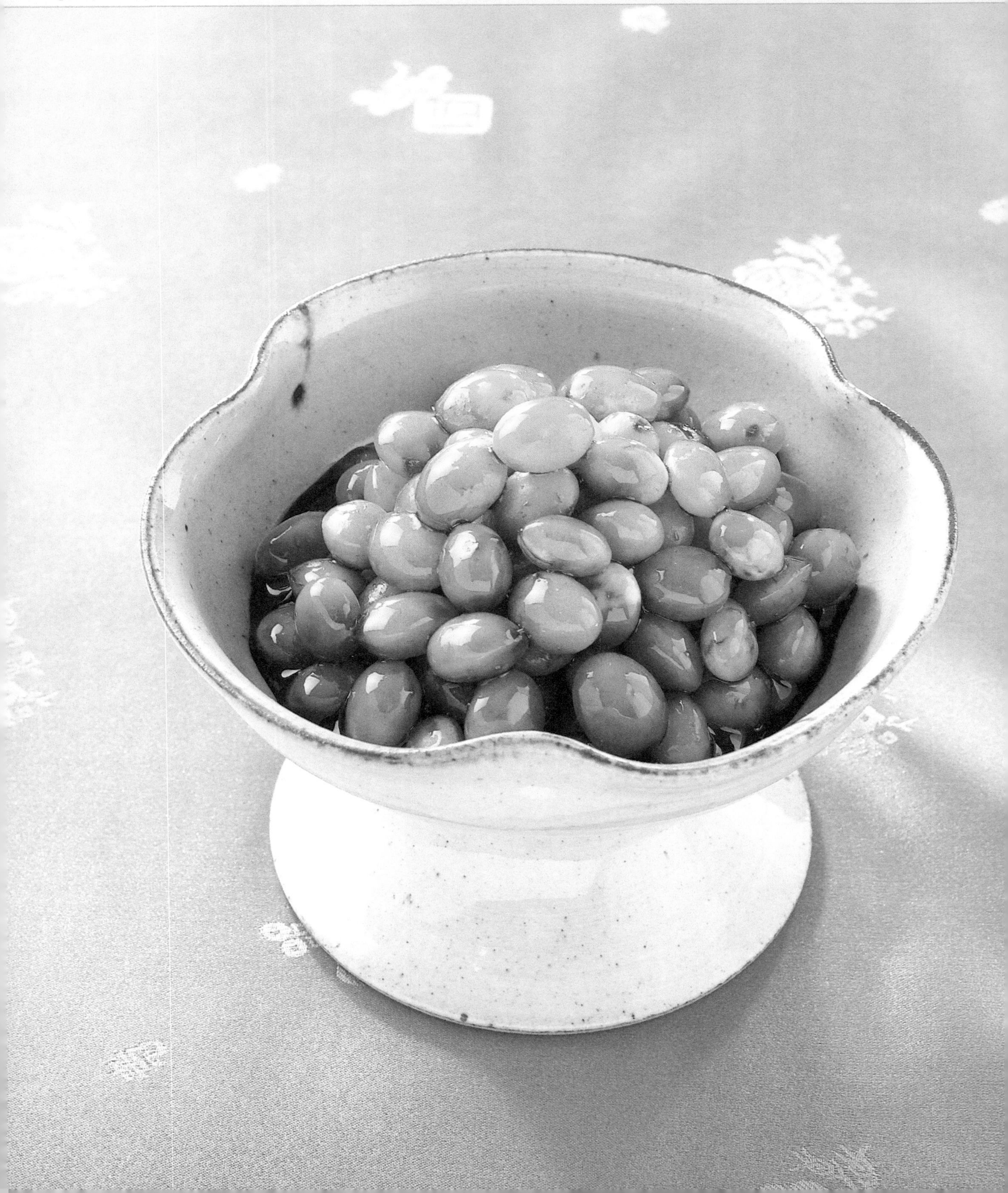

Bạch quả sốt xì dầu

Nguyên liệu

Bạch quả: 500g, dầu ăn:1/2 thìa canh.

Gia vị nêm xì dầu 1/2 cốc, nước đường làm sẵn 1/3 cốc, đường: 1/3 cốc, rượu sake Hàn Quốc: 3 thìa canh, nước: 100ml, dầu vừng: một ít

Cách chế biến

1 Bạch quả rửa, rán lên, rồi bóc vỏ lụa bên ngoài, lấy vải lau dầu trên bạch quả.
2 Xì dầu, nước đường, đường, nước và rượu sake khuấy đều, đun lên cho cạn bớt đến khi nước còn một nửa, thì cho bạch quả vào.
3 Bớt lửa, khi bạch quả chín, thì tắt lửa.
4 Trước khi ăn đổ thêm dầu vừng.

Đậu phụ rán [*]

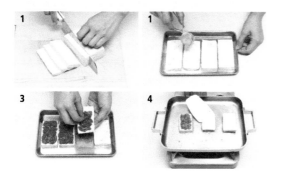

Nguyên liệu

Đậu phụ: 1 kg, thịt lợn: 150g, dầu ăn: một ít.

Gia vị nêm đậu phụ muối: 1 thìa cà phê, hạt tiêu xay: một ít, tinh bột: 2 thìa canh.

Gia vị nêm thịt lợn xì dầu: 1 thìa canh, đường 1/2 thìa canh, hành lá cắt nhuyễn, tỏi bằm: 1/2 thìa canh, nước gừng: 1/2 thìa cafe, hột tiêu xay: một ít.

Gia vị làm nước chấm xì dầu: 1 thìa canh, giấm: 1/2 thìa canh, nước mơ ngâm đường: 1 thìa canh, nước khoáng: 1 thìa canh.

Cách chế biến

1 Đậu phụ: ép nhẹ cho ra bớt nước, cắt miếng dày 7mm, nêm muối và tiêu vừa ăn, rồi lăn bột khô.

2 Thịt lợn bằm, ướp với gia vị nêm thịt lợn.

3 Rải đều thịt lên trên một mặt miếng đậu phụ.

4 Cho dầu vào chảo, nóng lên, rồi thả miếng đậu phụ phần có thịt xuống và rán, sau khi chín, lật sang mặt kia, rán tiếp cho chín đều.

5 Khi ăn chấm với nước chấm.

Ghi chú

Đậu phụ được chế biến từ thế kỷ thứ 2 trước công nguyên vào thời vua Hồi Nam, nước Hán. Đậu phụ được du nhập vào Hàn Quốc từ thời Đường ở Trung Quốc. Đậu phụ ngày xưa được gọi là "Bảo", thời Triều Tiên chùa chế biến món đậu phụ được gọi là "Chế bảo tự"

---

* Món đậu phụ này ở Mỹ và Anh người ta hay ăn. Người ta thích đậu phụ này hơn lọai đậu phụ non.

Thịt lợn tẩm bột rán

Nguyên liệu

Thịt lợn (thăn chuột): 600g, bột mì: 110g, dầu ăn, nước: vừa phải, muối:1/3 thìa cà phê.

Cách chế biến

1 Thịt lợn lọc bỏ mỡ, luộc chín, gắp ra tô. Ấn nhẹ cho nước ra bớt, thái lát mỏng.

2 Cho nước và muối vào bột mì, trộn đều.

3 Múc bột mì đổ vào chảo, đặt miếng thịt lợn lên trên, múc thêm bột mì đổ lên trên miếng thịt, rán đến khi thịt chín thì lật sang mặt kia. Khi hai mặt có màu vàng là được.

4 Khi thịt chín thì cắt miếng hình vuông vừa phải, khi bày ra đĩa, xếp chồng các miếng lên với nhau.

Ghi chú

Thịt lợn có thể bằm nhuyễn, ướp với muối và tiêu, để một thời gian, lăn với bột mì và trứng, rồi rán ăn.

Thịt bò om với bánh bột gạo

Nguyên liệu

Bánh bột gạo: 500g, thịt bò (bắp): 200g, thịt bò (ức): 200g, thịt bò thái sợi: 100g, củ cải: 100g, cà rốt: 100g, nấm hương khô: 15g, rau cần ta: 50g, trứng: 50g, bạch quả: 20g, nước thịt bò (thịt ngực): 200ml.

Gia vị nêm thịt bò(bắp và ngực) xì dầu: 1 thìa canh, hành lá thái nhỏ: 1 thìa canh, đường: 1/2 thìa canh, tỏi bằm: 1/2 thìa canh, hạt tiêu xay: một ít, dầu vừng đen: 1 thìa canh.

Gia vị nêm thịt bò thái sợi xì dầu: 1 thìa canh, hành lá thái nhỏ: 1 thìa canh, đường: 1/2 thìa canh, tỏi bằm: 1/2 thìa canh, hạt tiêu xay: một ít, dầu vừng đen: 1 thìa.

Gia vị nêm cuối cùng xì dầu, vừng xay, đường, dầu vừng đen: mỗi thứ một ít.

Cách chế biến

1 Thịt ức và bắp luộc kỹ, vớt ra tô, cắt miếng lớn, nêm với gia vị.

2 Nấm hương ngâm nước cho nở, cắt sợi, trộn với thịt bò sợi và gia vị dùng cho thịt bò thái sợi.

3 Bánh gạo cắt dài 5cm, xẻ tư theo chiều dọc. Nếu bánh bị cứng thì bỏ vào nước sôi luộc sơ qua.

4 Củ cải và cà rốt luộc sơ, cắt miếng như bánh gạo, rau cần nước thì cắt khúc dài 4cm. Bạch quả lột bỏ lớp vỏ lụa bên ngoài hạt.

5 Trứng tách phần lòng trắng và lòng đỏ riêng, rán mỏng, cắt miếng vuông mỗi cạnh khoảng 2cm.

6 Thịt và nấm hương đã trộn ở mục 2, đem rán. Khi rán cho thêm phần thịt ức và thịt bắp, củ cải, cà rốt và tiếp tục rán, sau đó đổ nước thịt bò vào, đun lửa nhỏ.

7 Đun đến khi nước cạn còn một nửa, cho bánh gạo và bạch quả vào, đảo đều, nêm nếm cho vừa ăn.

8 Trước khi tắt lửa, bắc chảo ra thì cho rau cần vào. Khi xúc ra đĩa, rải trứng lên trên mặt.

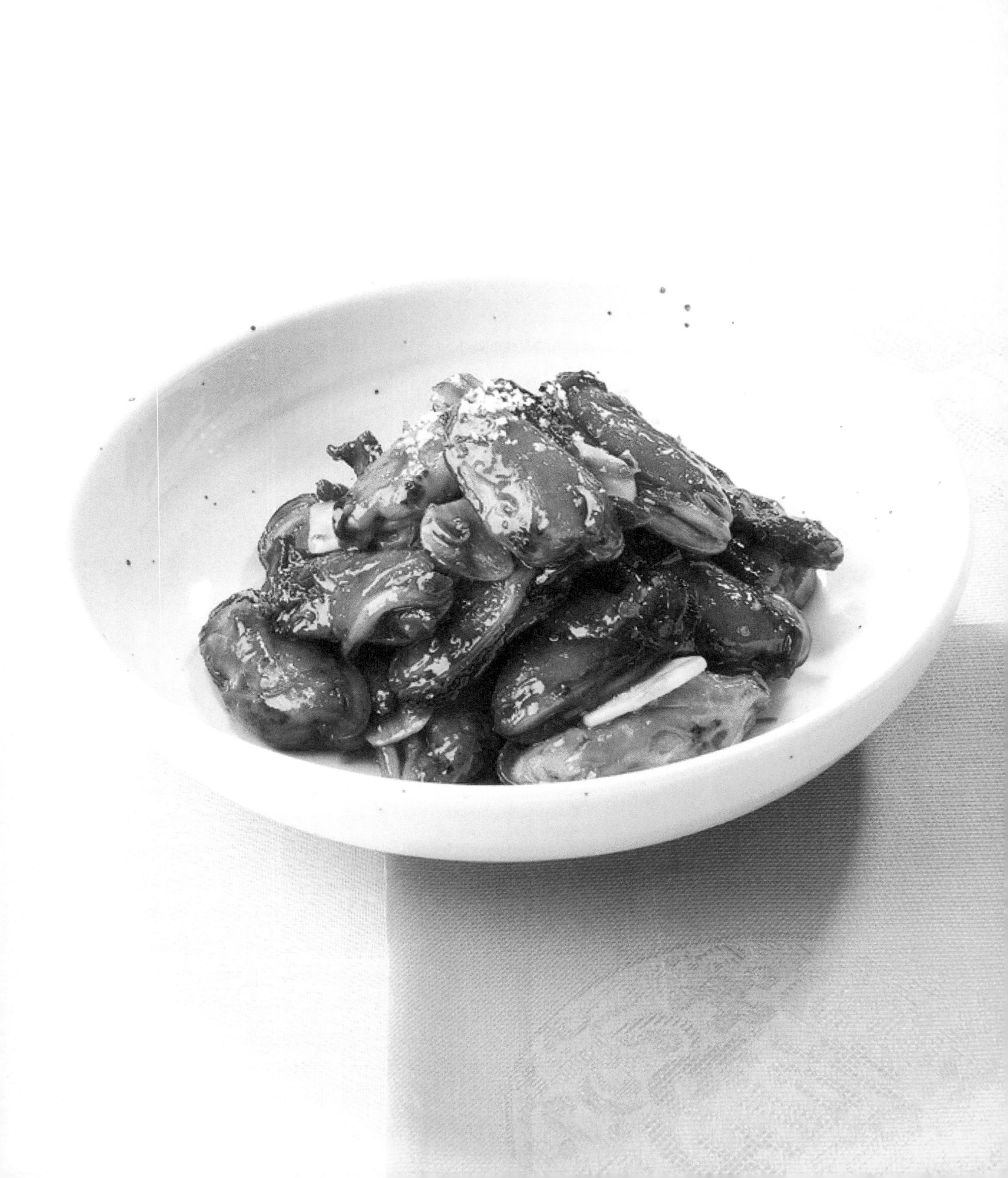

Sò Honghap xào
(Honghapcho)

Nguyên liệu

Thịt Honghap (một loại sò của Hàn quốc - Mytilus coruscus): 300g, thịt bò (thịt mông): 50g, mật ong: 1/2 thìa canh, dầu vừng: 1/2 thìa canh, hạt thông xay: 1/2 thìa canh, tinh bột: 1 thìa canh, nước 1thìa canh.

Gia vị dành cho thịt bò xì dầu canh: 1 thìa cafe, hành xay: 1thìa cafe, đường 1/2:thìa cafe, tỏi xay: 1/2 thìa cafe, dầu vừng: 1thìa cafe, tiêu bột.

Gia vị dùng để làm nước tương kho tỏi tây(chỉ lấy phần trắng): 10g, tỏi: 20g, gừng: 10g, xì dầu canh: 2 thìa canh, nước ép quả lê: 5 thìa canh, tinh bột dạng xi rô 1 thìa canh, tiêu bột.

Cách chế biến

1 Sò Honghap tách vỏ, lấy thịt luộc chín tới sau đó vớt ra, để ráo nước. Chú ý khi luộc bỏ thêm một chút muối.

2 Thịt bò thái chỉ dài sau đó trộn với những gia vị đã giới thiệu ở trên, xào qua rồi để nguội.

3 Phần trắng của tỏi tây và gừng thái khúc khoảng 2cm, tỏi thái dày 0.2cm.

4 Cho một chút dầu vào chảo, sau đó bỏ hành, tỏi, gừng đã sơ chế ở trên vào xào qua một chút rồi cho xì dầu canh vào kho đến khi nước còn một nửa.

5 Tiếp tục cho thịt sò Honghap vào kho, sau đó cho tiếp thịt bò vào đun đến khi cạn thì cho một chút tinh bột đã hòa tan trong nước vào.

6 Cuối cùng là cho mật ong và dầu vừng vào, sau đó cho hạt thông xay lên trên.

Ghi chú

Cho là một phương pháp kho đến cạn nước, sau khi kho món ăn có vị ngọt, không bị mặn bởi nước tương dùng để kho. Trong các loại hải sản thì Cheonbok và Hải sâm có thể làm món kho. Món Honghap kho rắc thêm một chút bộ hạt thông xay lên trên là món rất được ưa thích khi uống rượu.

Cá Pollack hấp
(Buko hấp)

Nguyên liệu

Cá Pollack: 70g (1/2 con), một chút dầu vừng

Các loại gia vị để làm nước tương xì dầu canh: 2 thìa canh, đường: 2 thìa canh, hành xay: 2 thìa canh, tỏi xay: 2 thìa canh, gừng xay: 2 thìa canh, ớt bột: 2 thìa canh, nước cốt trái lê:1 cốc, tiêu bột 1 thìa cafe.

Cách chế biến

1 Cá Pollack đã được ngâm trong nước thái to vừa tùy theo ý muốn.

2 Dùng các nguyên liệu đã giới thiệu ở trên làm nước tương.

3 Cho cá Pollack vào nước tương đã chế biến(bước 2) để cho cá ngấm nước tương sau đo cho vào nồi hấp đến khi gia vị ngấm hết vào cá.

Lá Cải thảo muối

Nguyên liệu

Lá cải thảo to vừa: 3kg

Nước để muối Xì dầu: 3 cốc, nước mắm: 5 cốc, nước: 3lít (15 ly)

Gia vị hành xay: 1 thìa canh, tỏi xay: 1/2 thìa canh, nước ép gừng: 1/2 thìa cafe, hạt vừng: 1/2 thìa canh, dầu vừng, 1 ít tiêu bột.

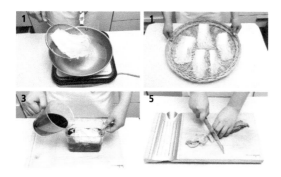

Cách chế biến

1 Bắp cải tách ra từng lá riêng, ngâm vào nước đun sôi để ráo.

2 Hoà hỗn hợp nước ngâm, đun sôi và để nguội.

3 Xếp lá cải bắp thành từng lớp vào thùng ngâm Kimchi, cho nước để nguội đã chuẩn bị ở mục 2 vào và lấy hòn đá nặng đè lên trên.

4 Sau khoảng 3-4 ngày lấy nguyên nước (mục 3) ra nấu lên rồi để nguội, sau đó lại đổ lại vào hũ muối, làm đi làm lại khoảng 2, 3 lần.

5 Vào mùa đông khi ăn thì rửa bớt chút nước tương đi sau đó thái khúc rồi trộn với gia vị là được.

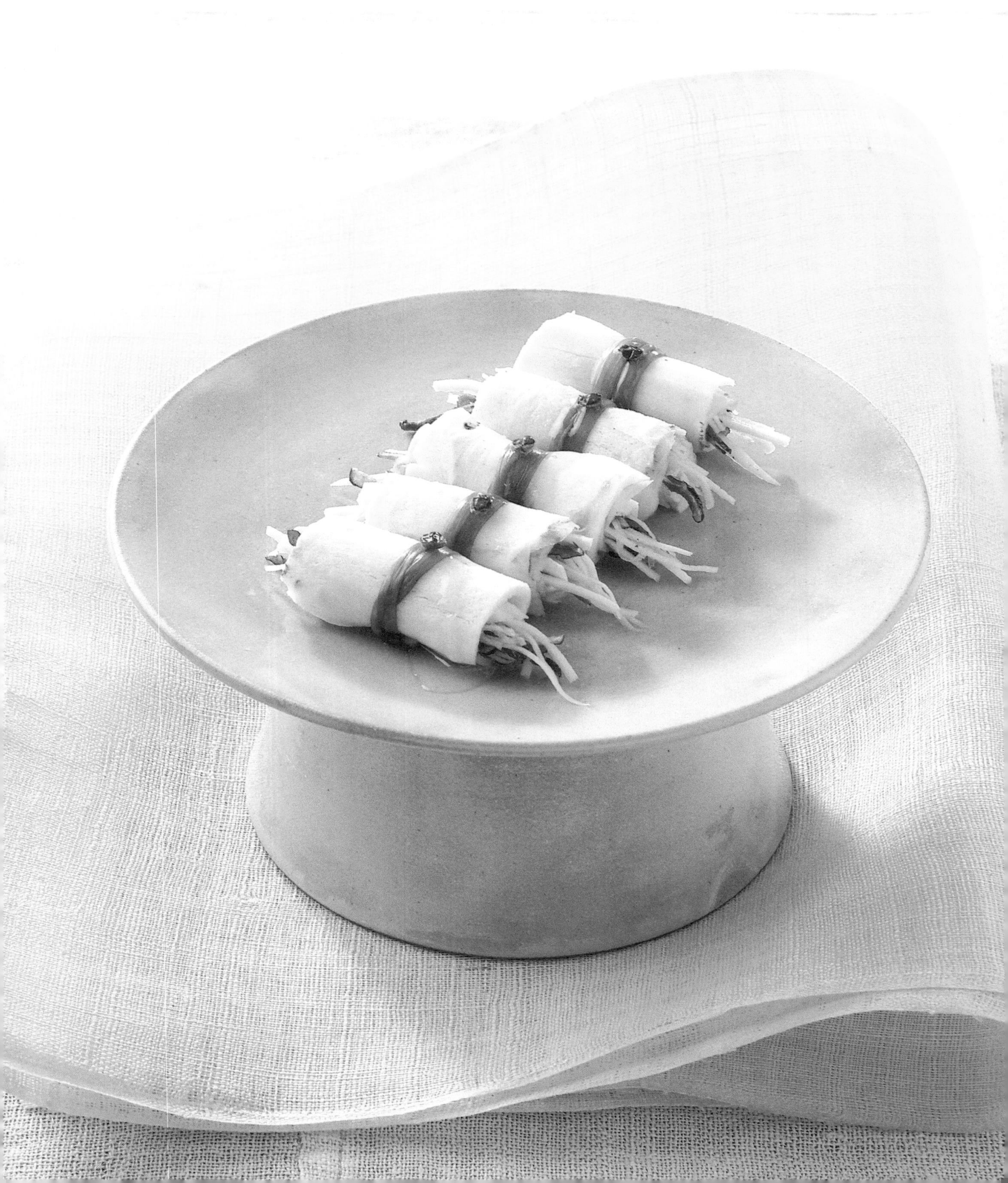

Sâm tươi cuốn *

Nguyên liệu

Sâm tươi: 5 củ, táo đỏ khô: 10g, rau cần ta: 5 cây, đường: 1 thìa canh, giấm: 1 thìa canh, muối: 1/2 thìa cafe, mật ong: 2 thìa canh, hạt hạch: một ít.

Cách chế biến

1 Chọn củ sâm tươi cỡ vừa, rửa sạch.

2 Hai củ sâm tươi cắt miếng dài 4cm, dùng dao cắt miếng mỏng lượn tròn theo củ sâm. Sau khi cắt đem ngâm một lúc vào nước muối, đường và giấm.

3 Táo đỏ khô bỏ hạt, thái sợi.

4 Sâm tươi còn lại thái miếng (1x3.5cm).

5 Lấy sâm tươi đã ngâm nước cuộn với táo và sợi sâm. Lấy cọng rau cần trụng qua nước sôi và buộc cuộn sâm lại.

6 Khi ăn, chấm với mật ong hoặc tương ớt trộn giấm.

---

* Sâm là món bổ dưỡng dù có vị đắng nhưng rất được nhiền người ưa chuộng.

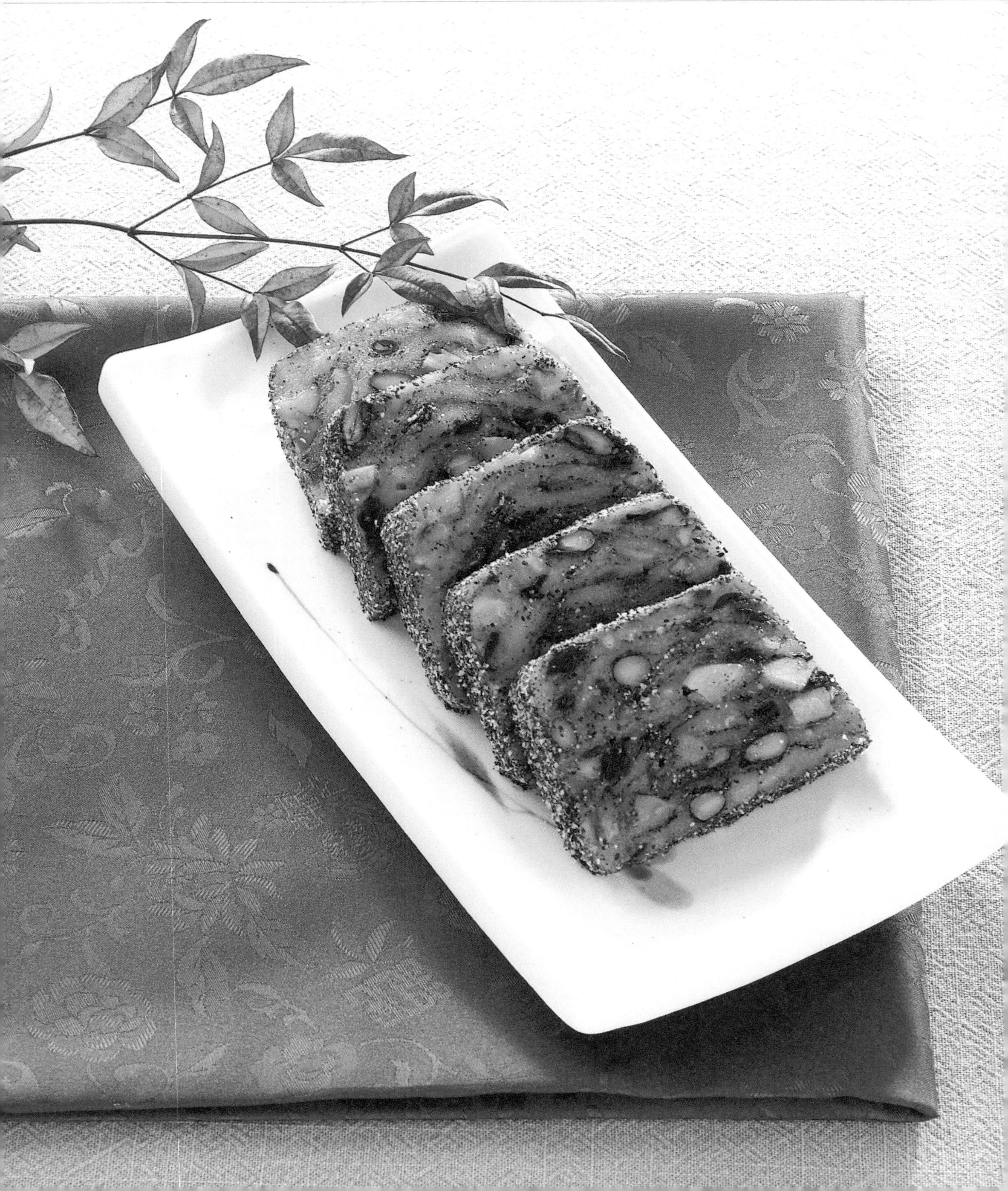

Bánh mây

Nguyên liệu

Bột gạo nếp: 1kg, bột đậu đỏ: 1 cốc, nước đường: 100ml, táo đỏ khô: 100g, hạt dẻ: 200g, quả óc chó: 40g, đậu ván: nửa cốc, hạt hạch: 35g, nước, đường: một ít.

Cách chế biến

1 Đổ nước vào bột gạo nếp để nhào bột.

2 Đậu đỏ rửa sạch, luộc chín, đổ nước, rang cho khô (sau khi rang khô, rưới nước đường vào đậu trước khi dùng).

3 Hạt dẻ luộc vừa chín tới, bóc vỏ. Táo đỏ bỏ hạt, cắt thành 2-3 miếng. Đậu ván đem ngâm nước rồi luộc.

4 Hạt hạch lấy vải lau sạch, bỏ phần đuôi hột, quả óc cho bỏ lớp vỏ lụa bên ngoài, cắt đôi.

5 Lấy mục 3 và 4 trộn với nước đường, nấu đến khi nước đường cạn.

6 Lấy bột (mục 1) và các thứ đã chuẩn bị ở mục 5, trộn với nhau rồi đem hấp.

7 Sau khi bột hấp chín, lấy bột ra bỏ vào một cái khuôn hình vuông, cần chú ý trước khi bỏ bột vào khuôn phải thoa một lớp bột đậu đỏ ở đáy khuôn. Sau khi cho bột vào khuôn, ép chặt, phủ một lớp bột đậu đỏ nữa lên trên mặt bánh. Để bánh trong khuôn khoảng 2-3 tiếng.

8 Lấy bánh ra và cắt miếng vừa ăn.

Bánh nếp nhân đậu đỏ và hạt dẻ

Nguyên liệu

Làm bột bánh gạo nếp: 500g, xì dầu: 1.5 thìa canh, đường: 3 thìa canh, mật ong: 3 thìa canh.

Làm bột đậu đỏ đậu đỏ bỏ vỏ: 4 cốc, xì dầu 2 thìa canh, đường: 4 thìa canh, mật ong: 5 thìa canh, bột quế: 1/2 thìa cafe, hạt tiêu xay: một ít.

Làm nhân bánh hạt dẻ: 100g, táo đỏ khô: 50g, quả óc chó: 40g, hạt hạch: 25g, chanh tây ngâm mật ong: nước:1 thìa canh, cái: 1/2 thìa canh.

Cách chế biến

1 Gạo nếp vo sạch, ngâm 6 tiếng, để cho ráo khoảng 30 phút, xay thành bột.

2 Cho xì dầu vào bột nếp, trộn đều, rồi lọc qua rây. Cho đường và mật ong vào bột rồi trộn đều.

3 Đậu đỏ ngâm đến khi có thể chà bỏ vỏ. Rửa sạch rồi để cho ráo nước. Trải một miếng vải ẩm lên đáy nồi hấp, hấp đậu đến khi chín.

4 Đậu đỏ đã hấp chín đổ ra tô, chà nhuyễn, lọc qua rây có lỗ vừa phải. Phần còn lại đổ vào máy xay sinh tố để xay nhuyễn. Rồi bỏ chung 2 thứ với nhau.

5 Cho xì dầu, đường, mật ong, bột quế, hạt tiêu xay vào bột đậu đỏ. Rồi đảo trên chảo cho se lai, để nguội và lọc lại một lần nữa.

6 Hạt hạch lột bỏ vỏ lụa. Hạt dẻ và táo đỏ cắt nhỏ bằng hạt hạch, quả óc cho bỏ vỏ bên trong rồi cũng cắt nhỏ. Lấy phần cái của trái chanh tây đem giã.

7 Đổ nước chanh vào các nguyên liệu ở mục 6, trộn đều. Vo viên cỡ 1cm, ép nhẹ 2 đầu.

8 Rải một lớp đậu dưới đáy nồi, múc một thìa bột đổ lên trên và cho 1 viên nhân vào giữa rồi cho một thìa bột nữa lên trên. Cứ làm như vậy rồi phủ đậu lên trên, lại làm tiếp một lớp nữa. Khi nước sôi, đặt nồi hấp lên.

9 Hấp 15 phút, vặn lửa nhỏ khoảng 5 phút, rồi tắt lửa. Lấy từng lớp bánh bỏ ra khay, rải đậu đỏ lên trên. Lấy vải phủ lên trên, để cho bánh nguội.

Ghi chú

Món bánh này là món truyền thống buộc phải có trong ngày sinh nhật của vua. Cách chế biến được ghi nhận trong cuốn the 「Jeongrye euigwe」, 「Jinchan euigwe」 và những cuốn khác. Bánh gạo (một loại bánh gạo hấp).

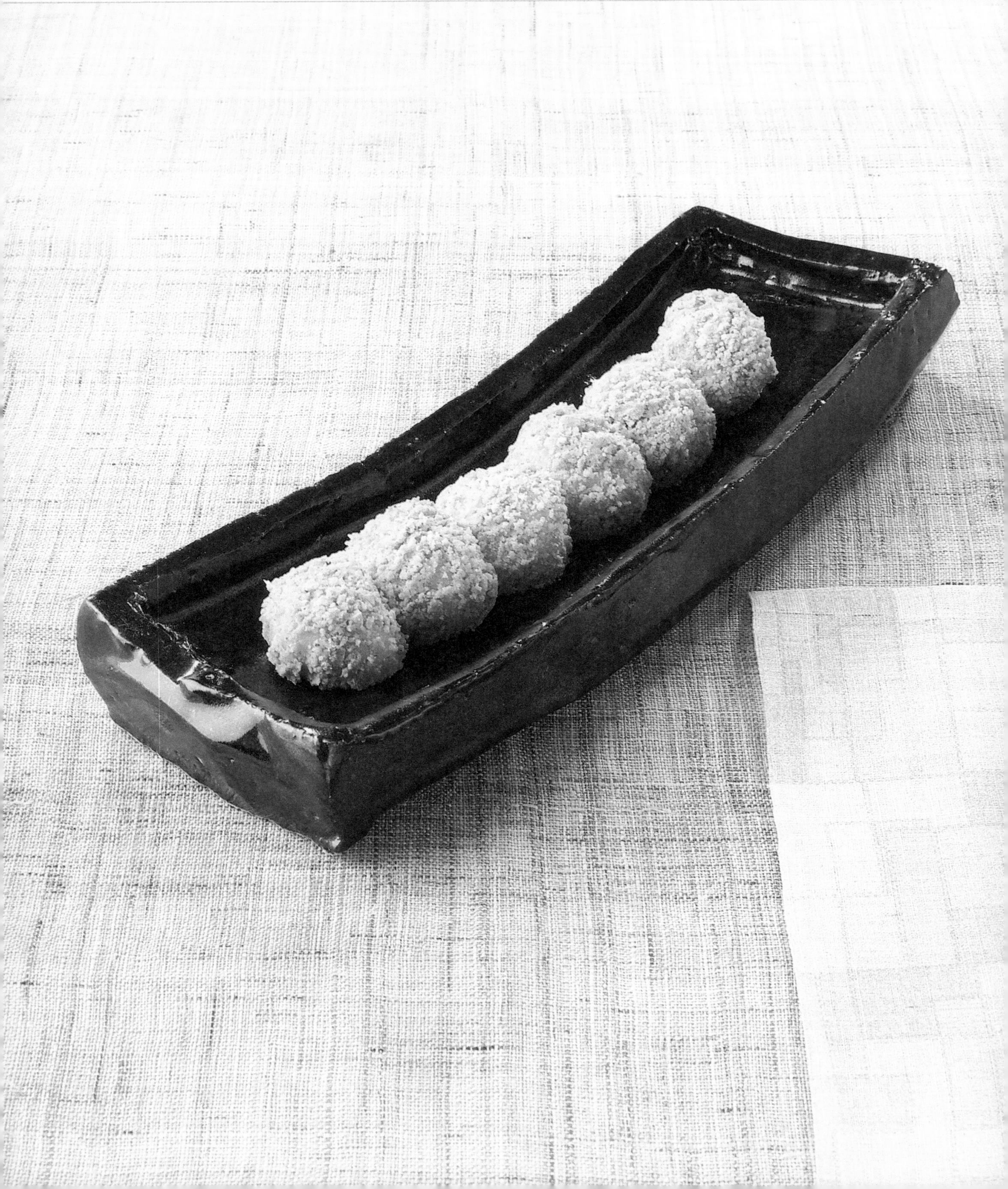

Bánh dày ngọt nhân hạt dẻ

Nguyên liệu

Gạo nếp: 330g, hạt dẻ: 160g, bột quế: 1/2 cốc, quýt ngọt lột vỏ (quýt cắt lát ngâm đường): 1 thìa café, mật ong: 1 thìa café, nước, muối : một ít

Cách chế biến

1 Ngâm gạo nếp cho mềm ít nhất 2 tiếng. Đổ ra rá cho ráo nước, rồi đem xay thành bột.

2 Lấy khăn ướt trải lên nồi hấp và đổ bột gạo nếp vào nồi. Hấp cho kỹ đến khi chín, lấy ra tô và dùng đũa bếp hay thìa quệt nó.

3 Đổ ít nước vào hạt dẻ, và đem luộc đến khi chín để nguội rồi bóc vỏ. Sau đó đem hạt dẻ nghiền làm bột, lọc qua rây.

4 Để làm nhân vào, thái nhỏ quýt, rồi trộn với 1/3 lượng bột hạt dẻ, bột quế, đường, trộn đều. Sau đó nặn thành viên có đường kính 0.8 cm.

5 Bột nếp đã hấp chín (mục 2), cắt thành từng miếng và cũng làm thành từng viên cỡ tương tự như hạt dẻ. Lấy từng cục nhân đã làm ở mục 4, để vào giữa miếng bánh, vo lại với mật ong và phần bột hạt dẻ còn lại.

Bánh bột gạo

Nguyên liệu:

Bột gạo nếp: 500g, bột gạo tẻ:150g, rượu makgeolli: 1/2 cốc, đường: 1/3 cốc, nước: 2 thìa canh, muối: 1/2 thìa canh, dầu ăn: 1 cốc, một ít táo đỏ.

Làm nước đường nước đường làm sẵn: 1 cốc, ước: 100ml, gừng: 10g

Cách chế biến

1 Bột gạo nếp và bột gạo tẻ trộn lẫn với nhau, rây và trộn với muối và đường.

2 Thêm rượu makgeolli vào bột và trộn đều. Thêm ít nước sôi và nhào thật kỹ để làm bột

3 Vo bột thành các viên có đường kính 3cm dày 2cm, ấn nhẹ trên và dưới viên bột cho hơi dẹp.

4 Lấy các viên bột đã làm ở mục 3 rán với nhiệt độ 180°c cho đến khi chúng có màu vàng sẫm (gọi là Woomegi).

5 Giảm nhiệt độ còn 150°c và rán cho chín kĩ bên trong.

6 Để làm nước đường, pha rượu makgeolli với một ít nước và gừng rồi trộn đều. Sau đó đun sôi.

7 Ngâm các viên bánh vào nước đường (đã làm ở mục 6) một lúc rồi vớt ra đĩa trệt.

8 Xếp bánh Woomegi lên trên đĩa cùng với mây trái táo đỏ.

Ghi chú

Bánh Woomegi là loại bánh được làm như một loại bánh gạo truyền thống của Hàn Quốc, được rán bằng dầu và ăn với mật. Bánh này dễ làm và khó bị cứng. Loại bánh gạo truyền thống này đươ làm rất thường xuyên và đặc biệt là vào thời gian lúa mới được thu hoạch. Woomegi được biết đến như một loại bánh luôn có trong các dịp tiệc tùng, đến nỗi người ta phải nói rằng "Không có bữa tiệc nào thiếu Woomegi." Bột nhào làm bánh phải dính với nhau. Bánh sẽ đẹp khi nó được viên tròn và dùng ngón tay ấn nhẹ vào giữa, sau đó táo đỏ được cắt tỉa để lên trên bánh. Bánh có thể để được 2-3 ngày vẫn chưa bị cứng. Nó có vị rất ngon, có thể dùng như món snack của trẻ em hay món tráng miệng. Bánh này còn được gọi là Gaeseongjuak.

Bánh gừng rán

Nguyên liệu

Bột mì: 110g, muối 1/2 thìa café, nước gừng: 1 thìa café, nước 3-4 thìa café, tinh bột, dầu ăn: 3cốc, hạt hạch xay: 1 thìa.

Làm nước đường đường: 150g, nước: 200ml, mật ong: 2 thìa café, bột quế: 1/2 thìa café.

Cách chế biến

1 Cho muối vào bột mì, và lọc qua rây. Sau đó thêm nước và nước gừng và trộn thành bột.

2 Rắc bột lên thớt, để cục bột đã trộn mở mục 1 lên trên thớt, cán bột mỏng ra và cắt thành miếng hình chữ nhật dài 5cm, rộng 2cm, khứa 3 khứa xéo ở giữa mỗi miếng bột.

3 Uốn 2 mép miếng bột vào giữa tạo thành hình cái nơ.

4 Để làm nước đường thì đổ đường vào nước, nấu sôi không cần khuấy. Khi đường tan hết, thêm mật ong và đun lửa nhỏ khoảng 10 phút đến khi nước còn khoảng 1 cốc, cuối cùng cho bột quế vào và khuấy đều.

5 Đun nóng dầu lên đến 160°c, chiên bột đã chuẩn bị ở mục 3 đến khi vàng đậm (đó chính là bánh ngọt). Gắp ra cho ráo bớt dầu.

6 Dùng cái vá thưa nhúng bánh vào nước đường (món bánh gừng rán) một chú rồi vớt lên.

7 Xếp bánh gừng lên đĩa rồi rắc bột hạt hạch lên trên.

Ghi chú

Bánh gừng này là loại bánh ngọt có dầu ăn và mật ong. Mật ong được phủ bên ngoài sau khi cho muối và nước gừng vào bột, sau đó trộn đều và lăn mỏng, dùng dao cắt nhỏ và đem rán. Nó còn được gọi là Maegwaja, Maejakgwa, Maejapgwa, Maeyeopgwa và Taraegwa – đều là loại bánh ngọt truyền thống của Hàn Quốc. Nó có tên gọi là Maejakgwa do sử dụng tên của một loại hoa mai Nhật Bản và một loài chim sẻ. Loại bánh này giống như con chim sẻ ngồi trên cành mai.

Quả Mộc qua ngâm đường

Nguyên liệu

Quả mộc qua: 3kg, quýt vàng: 180g, đường: 2 cốc, quả hạch: 2 thìa café.

Cách chế biến

1 Gọt vỏ quả mộc qua, bỏ hạt và cắt miếng dày 1cm.

2 Cắt quýt vàng không bỏ vỏ, cắt khoanh dày 0.5cm.

3 Lấy từng miếng mộc qua và quýt đã cắt nhúng vào đường rồi xếp vào lọ thủy tinh, xếp từng lát đan xen nhau. Đổ số đường còn lại lên trên và đậy chặt lại.

4 20 ngày sau lấy trái mộc qua và quýt ngâm đường bỏ vào tô, cho thêm nước và trái hạch, để trái hạch nổi cho đẹp.

[Gangwondo]

Gangwuondo được chia thành Yeongdong và Yeongseo theo mạch núi Taebaek, Yeongdong là các địa phương chạy dọc ven biển và có các loại hải sản rất đa dạng, phong phú, các loại mắm và các loại thực phẩm dùng để dự trữ trong khoảng thời gian dài rất phát triển. Yeongseo là các địa phương nằm sâu trong núi, có nhiều món ăn được chế biến từ lúa mạch, lúa mì, bột kiều mạch, bột mì, khoai tây, ngô.... Ở đây người dân cũng thường nấu cơm trộn khoai lang, vừng, ngô, khoai tây để thay gạo.

Cơm Gondalbi
(Cirsium setidens)

Nguyên liệu

Gạo: 360g, rau Gondalbi: 300g, nước: 470ml, dầu vừng (mè): 2 thìa (muỗng) canh , ít muối

Cách chế biến

1 Vo gạo sạch, ngâm 30 phút.
2 Trụng rau Gondalbi vào nước đang sôi, rồi xả qua nước lạnh, vắt khô, cắt khúc dài 3-5cm.
3 Trộn rau Gondalbi với dầu vừng và muối.
4 Thổi cơm.
5 Khi cơm cạn, để rau Gondalbi lên mặt cơm. Khi cơm chín thì trộn lên.

Ghi chú

Rau Gondalbi là loại rau mọc trên núi cao 700m, có mùi thơm đặc biệt, vị thanh, nhiều dưỡng chất. Loại rau này có thể làm món ăn độn, đặc sản rau sạch, thu hoạch vào khoảng tháng 5 ở vùng Jeongseon, Phyeongchang. Tên loại rau này cũng xuất hiện trong lời bài hát "Jeongseon Arirang".

Cơm hạt kê *

Nguyên liệu

Hạt kê: 290g, khoai tây: 450g, nước: 470 ml

Cách chế biến

1 Hạt kê ngâm 30 phút, vo sạch.

2 Khoai tây rửa sạch, gọt vỏ.

3 Cho hạt kê và khoai tây vào nồi, nấu chín.

4 Khi khoai tây chín, để lửa liu riu.

5 Khoai tây tán nhuyễn, trộn đều với hạt kê.

Ghi chú

Hạt kê là một loại ngũ cốc. Trong thời kỳ khó khăn nó là một loại lương thực quan trọng. Khoai tây cũng là một loại lương thực trong thời kỳ nghèo khổ của tổ tiên chúng ta. Hạt kê và khoai tây được ăn thay cho cơm.

* Khoai tây kết hợp với hạt kê khi nhai có cảm giác dễ chịu.

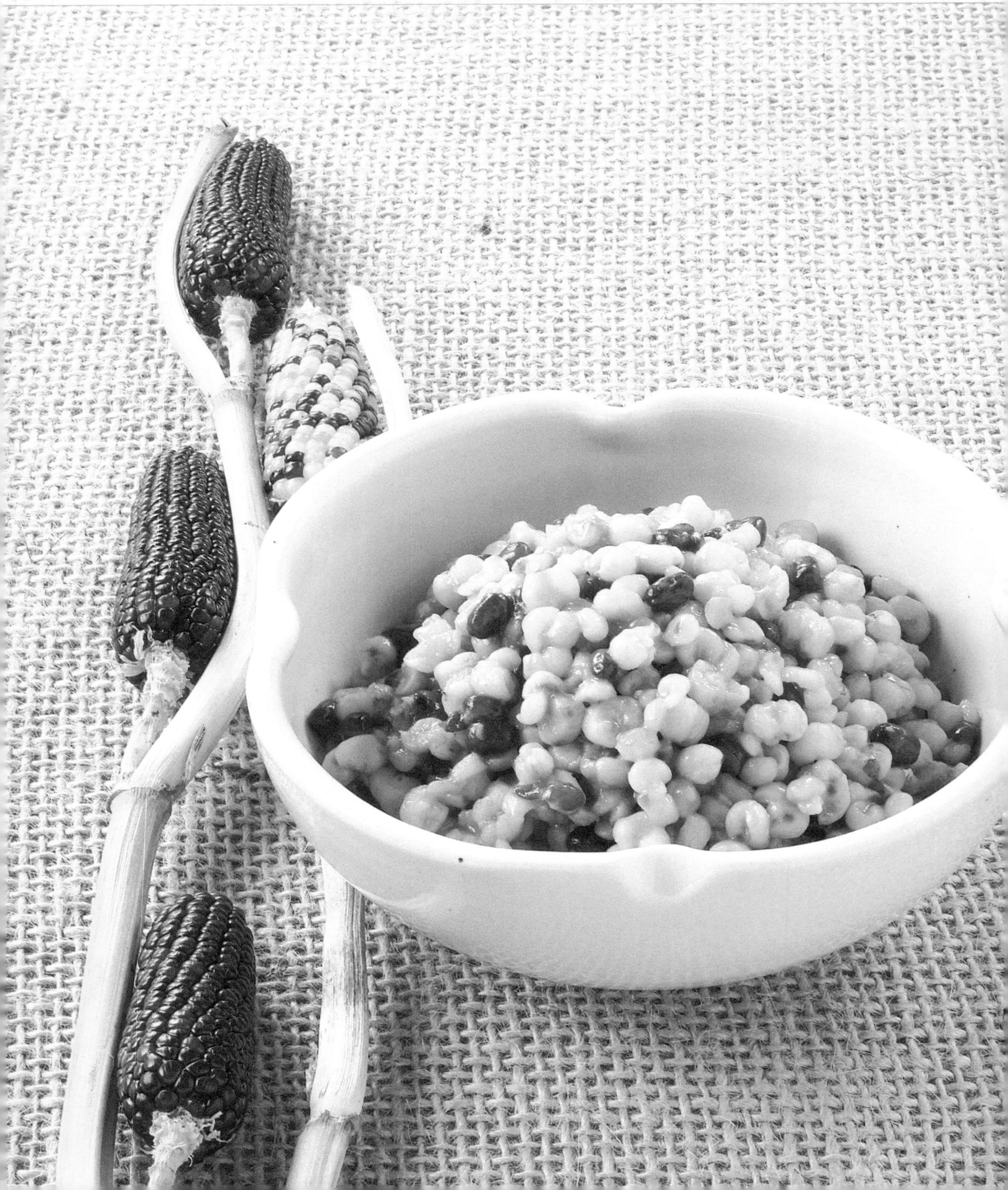

Cơm ngô nếp

Nguyên liệu

Hạt ngô (bắp) nếp đã bỏ vỏ: 290g, đậu đỏ: 210g, nước vừa đủ, đường một cốc, muối : một ít.

Cách chế biến

1 Rửa sạch và ngâm ngô nếp trong 1 ngày.

2 Cho ngô và đậu đỏ vào nồi, đổ đầy nước, nấu trong 2 tiếng.

3 Khi ngô gần chín thì thêm muối và đường, giảm lửa, đảo đều lên đến khi cạn nước.

Ghi chú

Hạt ngô nếp ngâm và bỏ vỏ để làm nguyên liệu chế biến.

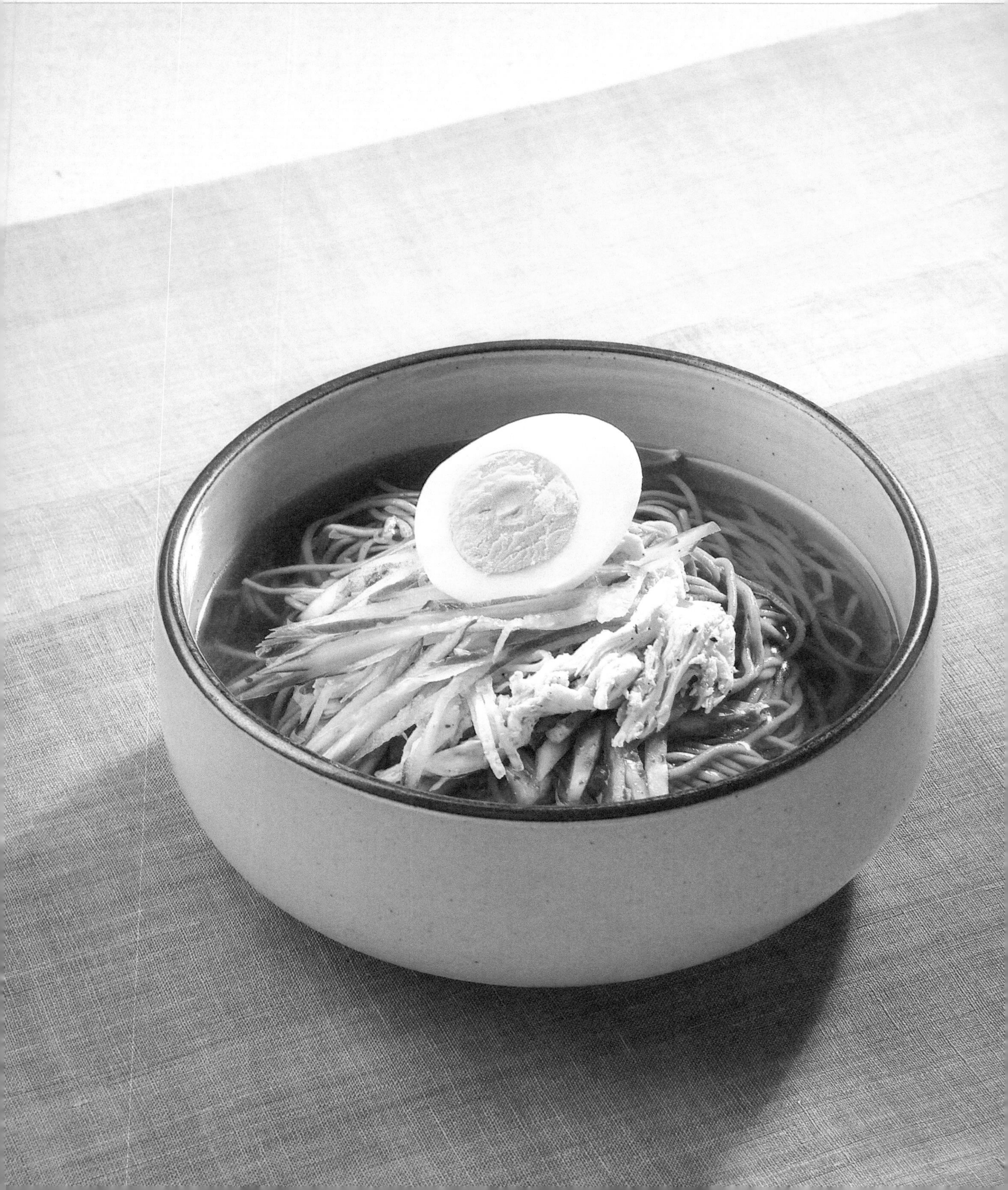

Mì kiều mạch

Nguyên liệu

Bột kiều mạch: 2.5 cốc, bột mì: 160g, nước Đôngchimi: 400ml, kim chi: 1/2 cây, củ cải trắng Đôngchimi: 1/2 củ, dưa chuột: 150g, trứng: 50g, nước: 200ml, tỏi xay: 1 thìa (muỗng) cà phê, vừng (mè) hạt rang: 1 thìa cà phê, xì dầu vừa phải, một ít muối
Nước dùng gà: 200g, củ cải trắng: 100g, xì dầu (làm từ tảo laminaria): 10g, hành tây: 80g, gừng: 10g, tỏi tây: 10g, tỏi: 2 tép, nước: 1lít

Cách chế biến

1 Bỏ các nguyên liệu vào nồi, đun lên rồi để nguội, hớt mỡ bỏ đi, thêm nước Đôngchimi và muối cho đậm đà. Gà vớt ra, xé miếng, trộn với tỏi xay và vừng xay, để riêng.
2 Bột kiều mạch và bột mì nhào với nước nóng, bỏ vào máy làm sợi mì.
3 Dưa chuột thái miếng, trộn với muối, vắt bớt nước. Củ cải Đongchimi cắt lát. Kim chi cắt miếng dài 1cm.
4 Trụng mì vào nước đang sôi, vớt ra và xả qua nước lạnh, để cho ráo nước.
5 Cho mì vào tô, dưa chuột, kimchi, củ cải đongchimi, trứng luộc, chan nước dùng đã để nguội vào. Thêm xì dầu và muối cho vừa ăn.

Memil gottungchigi

Nguyên liệu

Bột kiều mạch: 1cốc, bột mì: 2 cốc, Kim chi cải đẳng (Gat kim chi): 300g, bí ngô: 130g, khoai tây: 300g, rong biển: 2g, nước: 1 cốc (200ml), xì dầu: 1 thìa, muối, vừng xay: một ít.

Nguyên liệu để làm nước dùng củ cải: 100g, rong biển: 10g, Meonchi 20g (một loại cá nhỏ gần giống cá cơm của Việt nam), hành tây: 80g, ớt: 15g, tỏi tây: 10g, gừng: 10g, nước: 1.6 lít.

Nguyên liệu dùng cho Gat kimchi ớt bột: 1 thìa canh, hành xay: 1 thìa canh, tỏi xay: 1 thìa canh, dầu vừng: 1 thìa canh, vừng xay: 1 thìa canh.

Cách chế biến

1 Làm nước dùng với các nguyên liệu đã giới thiệu ở trên.

2 Trộn bột kiều mạch với bột mì sau đó nhào kĩ với nước ấm có hòa một chút muối, nhào bột thành hình thon dài dày sau đó thái ngang mỏng 0.5cm.

3 Bí ngô và khoai tây thái mỏng (5x0.2x0.2cm).

4 Kim chi mới muối bỏ gia vị cũ nêm lại gia vị bằng muối vừng, dầu vừng, tỏi xay, hành xay, ớt bột.

5 Cho bí đỏ, mì (mục 2) và khoai tây vào nước dùng (mục1) sau đó thêm một lượng xì dầu vừa đủ vào (đến khi nước dùng có màu của xì dầu), sau đó nêm muối và bắt đầu đun.

6 Mì chín, múc ra bát, trang trí lá rong biển, Kimchi đã nêm gia vị lên trên, sau đó thêm xì dầu vào tùy theo khẩu vị.

Ghi chú

Vì sợi mì dày va dai nên khi ăn sợi mì bắn lên sống mũi nên gọi là Gottungchigi. Mì này được ăn ngay khi còn đang nóng nên người ăn ra mồ hôi lấm tấm ướt cả sống mũi nên gọi là Gottungthuykim. Tên của món Memil gottungchigi bắt nguồn từ đây.

Bánh bao mandu

Nguyên liệu

Bột kiều mạch (bột khoai tây): 3 cốc, kim chi cải đắng (katkimchi): 200g, rau muk-na-môn (một loại rau rừng): 200g, nước: 150ml, dầu vừng trắng vừa phải.

Cách chế biến

1 Bột kiều mạch (khoai tây) nhào với nước ấm thành bột
2 Cắt kim chi thành khúc dài 0.5cm, rau muk-na-môn luộc mềm, cắt khúc cho thêm gia vị để làm nhân bánh mandu (tương tự bánh bao nhưng nhỏ) .
3 Lấy bột đã nhào, nặn cục, dát mỏng làm vỏ, cho nhân vào.
4 Đun sôi nước trong xửng, rồi xếp bánh vào xửng. Hấp trong vòng 20 phút là được. Lấy dầu vừng thoa lên mặt bánh.

Ghi chú:

Lấy kimchi cải đắng, rửa sơ, cắt khúc vừa phải, ăn với kimchi nước (một loại kimchi có nhiều nước, ít rau).

Ssoragi maeunthang
(Canh cá rô <cá mó>nấu cay)

Nguyên liệu

Cá rô- cá mó 150g, củ cải: 100g, đậu phụ: 50g, ớt xanh: 30g, muối, nước: 600ml
Gia vị để làm nước tương xì dầu: 1 thìa canh, tương ớt 1 1thìa canh, ớt bột: 11thìa canh, hành xay: 1 thìa cafe, tỏi xay: 1 thìa cafe.

Cách chế biến

1 Cá rô – cá mó bỏ nội tạng, rửa sạch.

2 Củ cải và đậu phụ thái miếng khoảng (3x3x0.5cm), ớt xanh thái vát (0.3cm).

3 Dùng các nguyên liệu đã giới thiệu ở trên làm nước tương.

4 Cho nước vào nồi, cho củ cải vào đun trước, đun một lúc thì cho cá vào đun tiếp.

5 Khi cá chín thì cho 1/2 lượng nước tương đã làm (bước 3) cùng đậu phụ và ớt xanh vào đun cùng, đến khi sắp bắc ra ăn thì cho nốt phần nước tương còn lại vào và nêm vừa miệng.

Ghi chú

Người Hàn quốc cũng rất thích ăn lẩu cá.

Mực nướng*

Nguyên liệu

Mực tươi: 700g

Gia vị xì dầu: 3 thìa canh, đường: 1 thìa canh, hành lá cắt nhỏ:1 thìa canh, tỏi xay: 1 thìa canh

Cách chế biến

1 Lấy xì dầu, hành, tỏi, đường trộn làm gia vị nêm.

2 Mực cắt râu, mổ bụng, bỏ ruột, rửa sạch, bóc da, khứa xéo cách nhau 1cm, ướp với gia vị. Lấy gia vị thoa lên vỉ nướng, đặt mực lên và nướng.

3 Sau khi nướng xong cắt thành khoanh dày 2cm.

Ghi chú

Thoa dấm trên vỉ để mực không bị dính, có thể thêm tương ớt vào gia vị.

* Hải sản dai như mực, tẩm gia vị tốt hơn là ăn sống. Dùng mực một nắng cũng có vị rất đặc biệt.

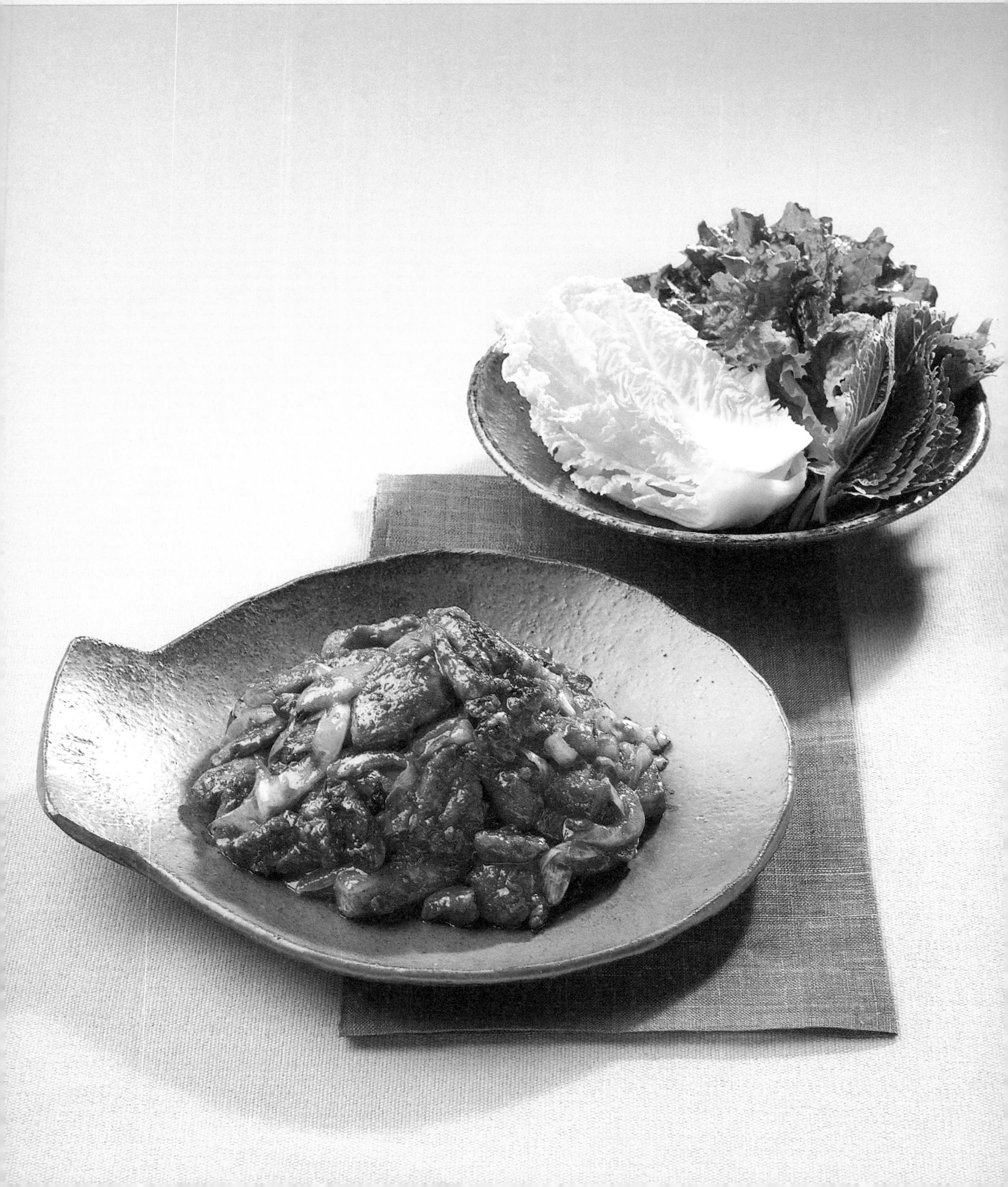

Ức gà xào*
(Ức gà Chuncheon)

Nguyên liệu

Ức gà: 800g, bắp cải: 100g, khoai lang: 50g, hành tây: 50g, tỏi tây: 70g, ớt xanh: 30g, cải thảo: 2 lá, lá vừng:10g, xà lát, bánh gạo (dài, hình trụ, làm bằng gạo tẻ), dầu ăn vừa phải.

Gia vị tương ớt: 2 thìa canh, xì dầu: 1 thìa canh, bột ớt: 1 thìa canh, tỏi: 25g, gừng:10g, đường: 1 thìa canh, dầu vừng 1 thìa cà phê, rượu sake (Hàn Quốc):1 thìa canh, lê: 50g, muối, vừng hạt vừa đủ.

Cách chế biến

1 Lấy ức gà, rửa sạch, cắt miếng.

2 Bào lê và tỏi, còn gừng thì băm nhuyễn cùng với các nguyên liệu khác làm gia vị.

3 Ướp ức gà với gia vị từ 7-8 tiếng.

4 Bắp cải, khoai lang, tỏi tây, ớt xanh, cải thảo cắt khúc tương đối dài (5×0.5×0.5cm).

5 Để chảo nóng, đổ dầu ăn vào, sau đó cho thịt gà, rau, bánh bột gạo vào rồi đảo đến khi chín.

6 Xà lát, lá vừng rửa sạch dùng để cuốn thịt gà.

Ghi chú

Món này đã xuất hiện từ 1400 năm trước. Tên gọi của "món ức gà" lần đầu tiên được biết đến ở Hongcheon. Món này trước đây nấu có nước, còn lưu truyền ở Hongcheon và Taebaek. Ở Chuncheon ức gà được nướng trên vỉ, từ năm 1971 được chế biến bằng chảo và được gọi là món ức gà xào Chuncheon.

* Nhiều người thích ăn thịt gà nướng trên vỉ hoặc trên chảo.

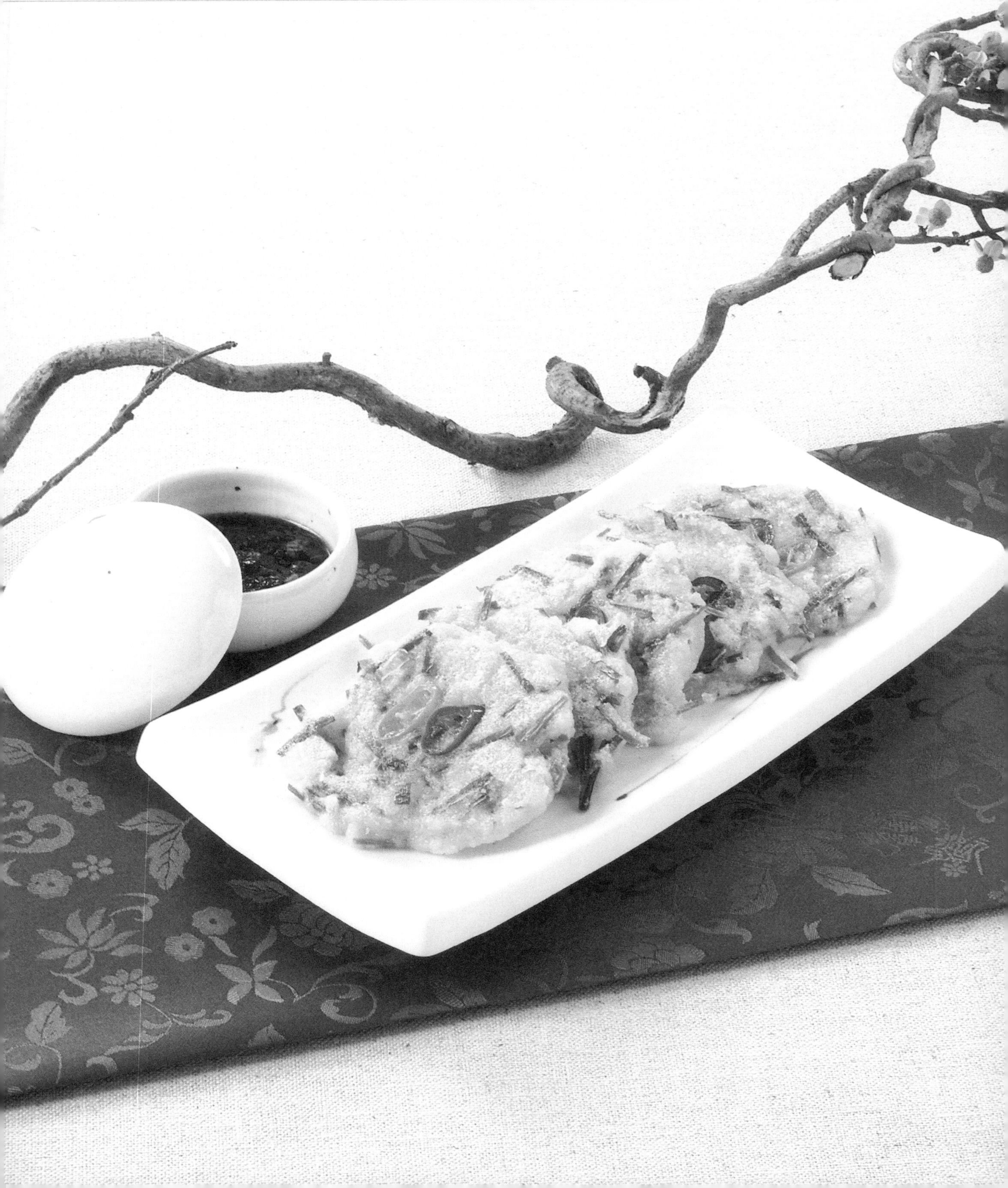

Bánh khoai tây rán
(bánh khoai tây)

Nguyên liệu

Khoai tây: 1kg, hẹ: 50g, hành lá: 20g, ớt đỏ: 60g, ớt xanh: 60g, một ít muối, dầu ăn vừa đủ.

Cách chế biến

1 Rửa khoai tây, gọt vỏ, bào nhuyễn, chắt nước bỏ đi.

2 Hẹ và hành cắt khúc dài 2cm, ớt đỏ, ớt xanh cắt khúc, bỏ hột, ngâm nước

3 Đổ hành, hẹ và muối vào khoai tây đã bào.

4 Cho dầu ăn vào chảo, múc khoai tây đổ vào chảo, tráng đều, rải ớt đỏ và ớt xanh lên trên mặt bánh. Khi mặt dưới của bánh chín vàng, trở mặt bánh, dùng thìa cà phê ấn trên bề mặt bánh cho bánh chín đều.

Mực khô xé xào cay

Nguyên liệu

Mực khô 180g (3 con)

Gia vị tỏi: 2 tép, gừng: 1 củ, tỏi tây, ớt bột: 2 thìa canh, muyeot (tinh bột dạng xirô): 1thìa canh, nước mắm cá cơm: 3 thìa canh.

Cách chế biến

1 Mực khô ngâm trong nước ấm 1 đêm.

2 Mực ngâm rửa sạch xé sợi (5x0.3x0.3cm).

3 Tỏi tây xay ra, gừng, sau đó đem trộn tỏi với ớt bột, tinh bột dạng xi rô, nước mắm cá cơm tạo thành gia vi. Xào mực đã chuẩn bị (mục 2) với các gia vị vừa làm.

Ghi chú

Người Hàn quốc thường ăn món này khi uống bia, rượu.

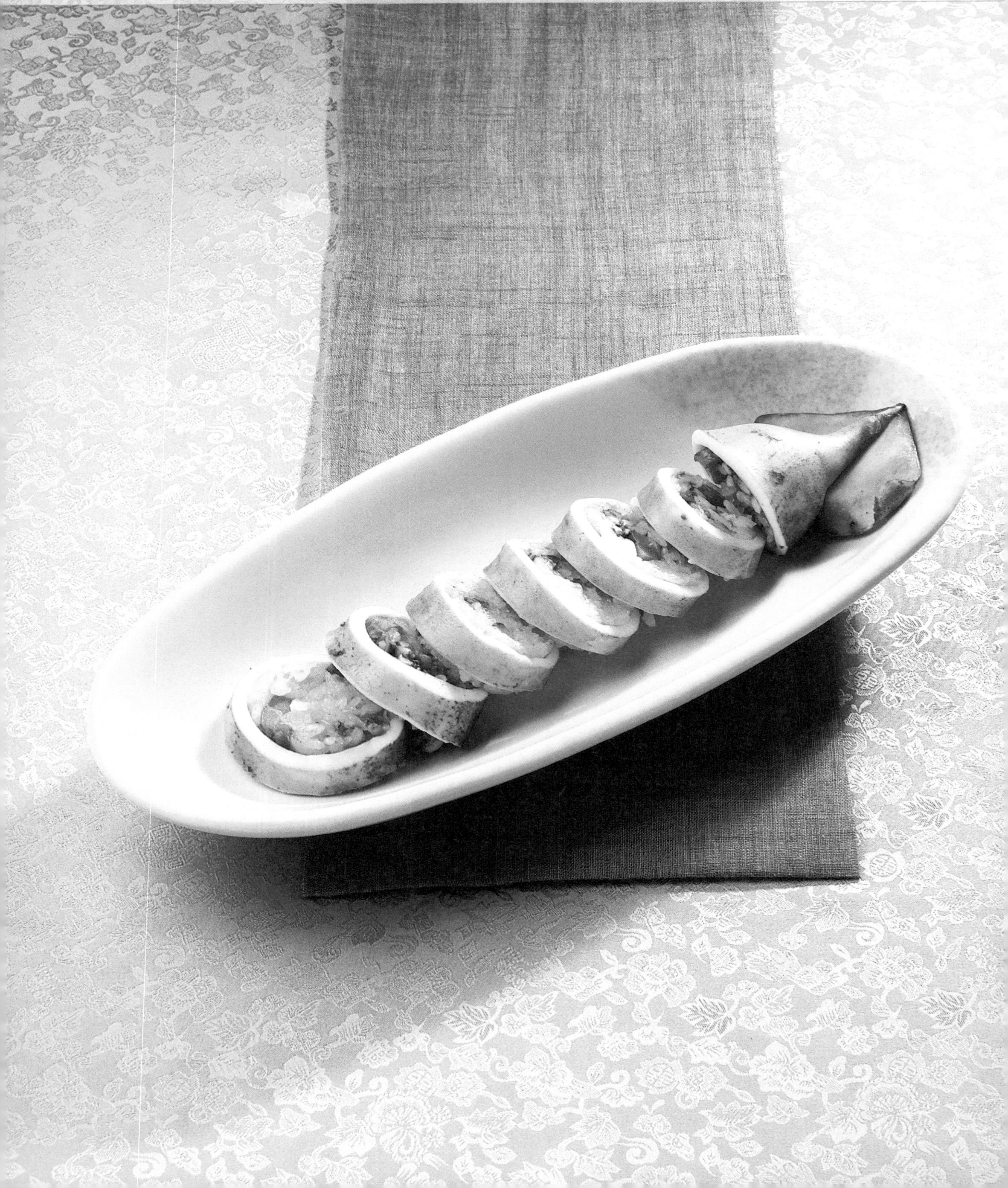

Mực nhồi

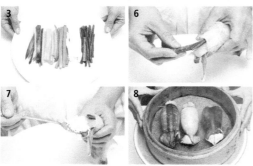

Nguyên liệu

Mực tươi: 1kg(4 con), gạo nếp: 100g, tinh bột: 150g, trứng gà: 250g(5 quả), ueong: 70g(ngưu bàng), dưa chuột: 70g, cà rốt: 70g, xì dầu: 2 tjia2 canh, muối, dầu vừng, nước dùng (gồm nướcmắm cá cơm, rong biển, nước).

Cách chế biến

1 Mực tươi bỏ ruột và mai mực sau đó dùng muối rửa sạch cả trong lẫn ngoài, để ráo nước.

2 Trứng gà rán vàng.

3 Trứng gà rán, dưa chuột, Ueong thái sợi khoảng (6x0.5x0.5cm).

4 Dưa chuột bóp muối, để ráo nước rồi đem xào qua, cà rốt (mục 3) cũng đem xào qua. Ueong trộn với xì dầu và nước dùng.

5 Gạo nếp vo sạch, cho nước vừa đủ rồi đem nấu, khi gạo chuẩn bị chín thì cho thêm một chút dầu vừng và muối vào.

6 Rắc một chút tinh bột vào trong mình con mực, sau đó lại phủi hết đi. Tiếp đó nhồi Ueong, dưa chuột, trứng gà chiên vào trong mình con mực.

7 Nhồi tiếp cơm nếp đã chuẩn bị (mục 5) vào.

8 Dùng ghim ghim phần đuôi của con mực lại sau đó cho vào nồi hấp hấp trong vòng 15 phút (chú ý để lửa mạnh).

9 Khi mực đã chín thái mực có độ dài phù hợp với sở thích trang trí.

Ghi chú

Ở khu vực Kanguondo có món Lòng nhồi (lòng lợn), Mực nhồi, Cá nhồi Một phương pháp khác để làm món nhồi này là dùng đậu phụ và các Nguyên liệu từ rau trộn gia vị nhồi vào mình con mực.
Ở Hàn quốc có cả thực đơn các món nhồi.

Bánh kiều mạch*

Nguyên liệu

Bột kiều mạch: 2 cốc, nước: 600ml, muối: 1thìa cà phê, dầu ăn vừa đủ.
Nhân bánh kimchi cải đắng (katkimchi): 300g, hành lá đập dập: 1 thìa canh, tỏi băm nhuyễn: 1 thìa canh, dầu vừng đen: 2 thìa canh, vừng đen xay: 2 thìa cà phê

Cách chế biến

1 Bột kiều mạch, thêm muối cho vừa ăn, pha với nước, khuấy đều thành bột sền sệt.
2 Kimchi cải đắng vớt ra, vắt bớt nước, cắt khúc(0.5cm).
3 Thêm vào kimchi cải đắng hành, tỏi, dầu vừng đen, vừng rang cho vừa ăn.
4 Chờ chảo nóng, đổ dầu ăn vào và dùng môi (vá) múc bột đổ vào chảo, tráng mỏng đều.
5 Khi mặt dưới của bánh chín vàng, lật mặt bánh, đổ nhân lên trên 1/3 chiếc bánh và cuốn tròn lại.

Ghi chú

Kiều mạch đã được trồng nhiều và ghi trong sách "Cứu hoang tich cốc phương" thời Thế Tông – Triều Tiên. Bánh này còn được gọi là Quyên Tiên Bính trong sách Yếu lục năm 1680. Vào những năm cuối của thế kỷ 17 được ghi trong sách Tửu Phương Văn là Kiêm Tiết Bính. Năm 1938 trong cuốn Món ăn Triều Tiên lần đầu tiên được sử dụng tên như hiện nay.
Nguyên liệu chính là hạt kiều mạch – đặc sản của vùng Kangwondo. Hạt kiều mạch thu hoạch từ ruộng đá trên núi cao là ngon nhất. Hạt kiều mạch được trồng tại Kangwondo và Gyeong buk, tương tự như món bingttok ở đảo Jeju. Nguyên liệu làm nhân là rau amaranthus (giống rau dền tía) và lá ớt khô, rang sơ trên chảo. Bây giờ dùng kim chi và thịt lợn.

* Món này tương tự bánh xèo và bánh kếp.

Bánh nếp Kangrưng

Nguyên liệu

Gạo nếp: 720g, rượu: 2/3 cốc, lúa nếp: 1 cốc, nước đường làm sẵn (đặc gần như mạch nha, được nấu từ gạo, bắp, men):1.5 cốc, dầu ăn vừa phải.

Cách chế biến

1 Gạo nếp vo sạch, ngâm nước (mùa hè – 7 ngày, mùa đông – 14-15 ngày), giã nhỏ thành bột, lọc qua rây.

2 Đổ rượu vào bột gạo nếp để bánh dòn, sau đó hấp chín, lấy ra.

3 Dát mỏng bột nếp, cắt thành miếng, phơi trên sàn nhà, đóng kín cửa tránh gió vào để bánh không bị vỡ.

4 Lúa nếp bỏ vào nồi rang nổ thành bỏng, tách bỏng lúa khỏi vỏ, đổ vỏ đi.

5 Lấy nước đường thoa đều lên mặt bánh, lăn bánh vào bỏng lúa và nhúng vào chảo dầu sôi, nếu bột nếp chưa đủ khô thì nhúng vào chảo dầu và tăng nhiệt độ từ từ.

Ghi chú

Bỏng lúa được gọi là hoa mai. Bánh đã lăn vào bỏng lúa gọi là bánh hoa mai.

Trà kiều mạch

Nguyên liệu

Kiều mạch: 1cốc, nước: 2 lít

Cách chế biến

1 Kiều mạch bỏ vỏ.

2 Cho kiều mạch vào nước, nấu chín. Lấy ra, để khô, rang trên chảo.

3 Cho kiều mạch đã rang vào nồi, đổ nước, đun lên.

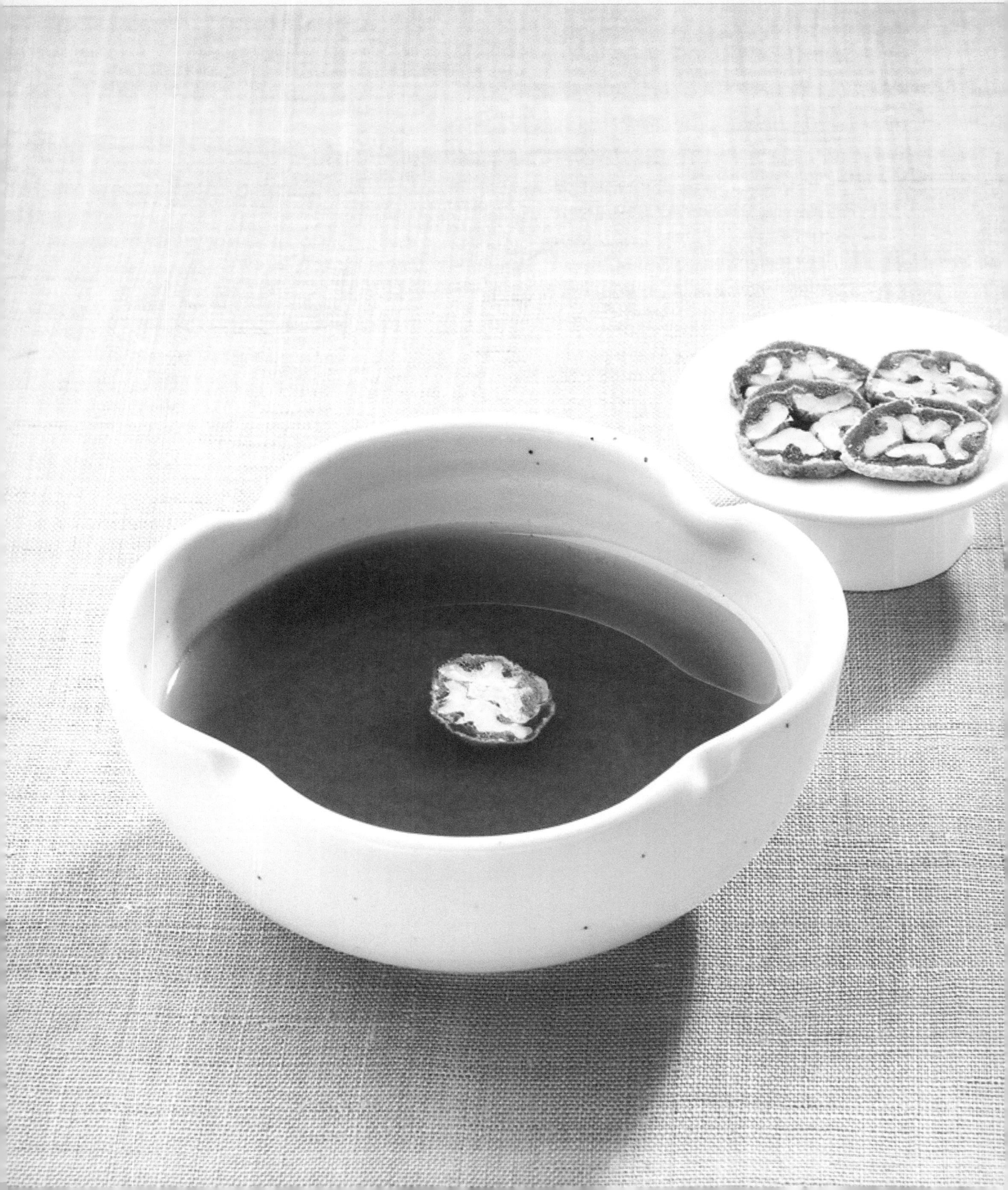

Nước bí đỏ

Nguyên liệu

Bí đỏ già: 3kg, quế: 50g, gừng: 50g, hồng khô, nhân quả hạch, hạt óc chó – một ít, đường vàng: 200g, nước vừa phải.

Cách chế biến

1 Gừng gọt vỏ, rửa sạch, cắt lát, đổ nước vào, đun.

2 Quế rửa sạch, đổ nước vào, đun.

3 Bí đỏ gọt vỏ, bỏ ruột, cắt miếng, cho vào nồi, đun.

4 Đổ nước gừng và nước quế vào bí đỏ, đun khá lâu.

5 Lọc lấy nước, cho đường vàng vào và đun cho tan đường, rồi để nguội.

6 Hồng khô lấy vải lau sạch, bỏ cuống, bổ đôi theo chiều ngang, bỏ hạt.

7 Hạt óc chó, ngâm nước sôi một lúc, bỏ vỏ.

8 Hồng khô đã cắt đôi, kẹp hạt óc chó vào giữa 2 miếng, cuốn lại, cắt khoanh dày 0.5cm

9 Cho lát hồng khô và hạt óc chó vào nước bí đã để nguội.

Chungcheongbukdo

Chungbuk là khu vực nằm ở chính giữa bán đảo Hàn, không tiếp giáp với biển và là khu vực nội địa duy nhất. Đây là khu vực có nhiều đồi núi thấp, có đồng bằng rộng lớn thích hợp với gieo trồng nông sản, là nơi sản xuất nấm, cải thảo, ớt, khoai lang, các loại ngũ cốc như: đậu, lúa mạch, gạo. Thay vì không có biển thì ở khu vực này lại có nhiều sông, các món ăn được chế biến từ các loại cá nước ngọt như: cá chép, cá trê, cá chình... rất thịnh hành. Các món ăn của Chungbuk hầu như không sử dụng gia vị, để theo vị tự nhiên, thường có vị đơn giản và thanh đạm.

Món Kimchi ở khu vực này khi muối sử dụng nhiều tỏi và ớt, thay vì sử dụng nước mắm thì người ta sử dụng muối và được gọi là Jjanji(kimchi có vị mặn).

Người ta thường làm cải thảo Chanchi vào mùa đông, làm cải non Jjanji vào mùa hè để ăn và đặc trưng của khu vực này là Kim chi hầu như không có nước. Món GatChanchi cũng rất nổi tiếng ở khu vực này, Gat(một loại cải của Hàn Quốc) được thái đoạn dài vừa phải, sau khi được trộn với dầu vừng, đường, muối, dấm đem để vào một cái âu(tô, thố), để qua một đêm là có thể đem ăn được. Thêm nữa, ở khu vực này món canh xương tương đậu cải thảo có bỏ thêm tiết hay lòng bò(heo) cũng rất thịnh hành, bởi vì là nơi sản xuất ra đậu tương nên người dân ở đây hay sử dụng bột đậu tương làm nguyên liệu khi nấu ăn, khi nhào bột mì và sử dụng cả khi nấu cháo.

Bí đỏ hấp sâm

Nguyên liệu

Bí đỏ chín: 1.5kg, hạt dẻ: 200g, táo đỏ: 300g, bạch quả: 20g, gừng: 50g, sâm: 2 củ, mật ong: 200g, bột gạo nếp: 100g, nước: 3 thìa canh.

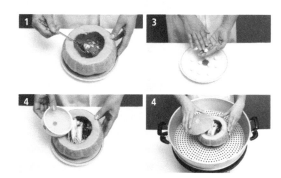

Cách chế biến

1 Cắt rời mặt trên trái bí đỏ bằng bàn tay để làm nắp. Lấy hết hạt và làm sạch bên trong trái bí.

2 Bạch quả rán với dầu ăn, bỏ lớp vỏ lụa bên trong. Gừng gọt vỏ và cắt lát mỏng.

3 Bột gạo nếp cho thêm nước nóng để nhào bột, rồi vo viên.

4 Cho hạt dẻ, táo đỏ, bạch quả , gừng, sâm và các viên bánh gạo nếp vào trong trái bí đỏ, đổ mật ong lên trên. Đậy nắp bí lại và cho vào nồi hấp để hấp thật kỹ.

Ghi chú

Bí đỏ được biết đến như một loại thực phẩm rất tốt cho phụ nữ sau khisinh con. Người Hàn Quốc thích uống nước bí đỏ hay ăn cháo bí đỏ.

Mì cá

Nguyên liệu

Cá nước ngọt (cá trê, cá nheo, Pagasari): 300g, mì sợi: 200g, bí đỏ: 40g, rau cần ta: 50g, lá vừng: 10g (5 lá), ớt xanh: 30g (2 quả), tỏi tây: 35g (1 nhánh), nước: 2.4 lít (12 ly), tỏi xay: 1 thìa canh, tương ớt: 1 thìa canh, muối, tiêu bột.

Cách chế biến

1 Cá rửa sạch, bỏ vào nồi, sau đó đổ nước vừa ngập mình cá, để lửa vừa, đun trong vòng 4, 5 tiếng.

2 Khi nước chuyển sang màu trắng đục thì vớt cá ra, bỏ xương.

3 Ớt xanh và tỏi tây thái xéo (khoảng 0.3cm), bí đỏ thái (5x0.3cm x 0.3cm), rau cần và lá vừng thái khúc dài 5cm.

4 Bỏ mì sợi vào nước cá (mục 2) đun lên, sau đó nêm các gia vị như tiêu bột, muối, tỏi xay, tương ớt cho vừa ăn.

5 Khi nước bắt đầu sôi thì cho thêm các nguyên liệu đã chuẩn bị ở mục 3 vào và đun thêm một chút.

Ghi chú

Các khu vực Okcheon và Cheongsan, các địa phương nằm sâu trong nội địa của Hàn Quốc là nơi các món ăn chế biến từ cá nước ngọt rất phát triển. Từ xa xưa những người dân ở đây đã bắt cá ở sông, hồ, suối sau đó chế biến thành món canh có tên gọi là Cheonryeopguk. Món Cheonryeonguk là món canh cá được sử dụng trong một thời gian dài, là món ăn thường dùng sau khi uống rượu. Món mì cá được bắt nguồn từ món Cheonryeonguk.

Bạn mà nếm thử món mì cá ở các thành phố ven biển của Hàn Quốc thì bạn sẽ thích ngay.

Gà nhồi hầm

Nguyên liêu

Gà trắng (một loại gà): 1kg, con, gạo nếp: 335g, hạt dẻ: 100g, táo đỏ: 10g, sâm: 2 củ, hoàng kỳ: 4 củ, bột Yulmu: 3 thìa canh, mì sợi tự cán, nước, hành lá lớn: 35g, tỏi: 20g, một ít hạt vừng rang, tiêu xay, muối.

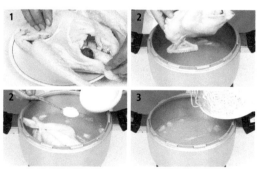

Cách chế biến

1 Bỏ hết nội tạng của con gà, rửa sạch bên trong. Nhồi táo đỏ, hạt dẻ, gạo nếp và sâm vào bên trong con gà.

2 Đặt con gà vào nồi áp suất và đổ nước vào. Cho thêm tỏi và các gia vị khác đun sôi, khi gà gần chín, cho hoàng kỳ, bột Yulmu, và đun thêm một lúc.

3 Gà chín lấy ra tô, cho hành lá đã thái nhỏ, mì vào trong nước trong nồi hầm. nấu sôi và nêm thêm vừng xay, muối, tiêu xay.

Ghi chú

Gà trắng là loại được nuôi ở vùng Okcheon. Chúng có đặc điểm là chân đen. Người dân vùng này thường chế biến món gà này với nhiều loại thảo dược phương Đông để làm mất mùi thịt. Sau khi ăn thịt gà thì thêm mì hay gạo nếp vào nước hầm.

Súp đậu trắng lạnh

Nguyên liệu

Sữa đậu nành: 5 cốc, đậu phụ: 250g, giá sống: 200g, cà rốt: 140g, khoai tây: 300g, hành lá lớn: 10g, tỏi: 10g, bột ớt: 1/2 thìa canh, một ít muối.

Cách chế biến

1 Cho giá sống vào chảo và đổ nước vào, luộc sơ giá.

2 Cắt cà rốt và khoai tây hình khối (3x1x0.3cm). Thêm ít muối và luộc sơ. Cắt đậu phụ thành từng miếng cùng kích cỡ với cà rốt và khoai tây.

3 Cho giá đã trụng, khoai tây và cà rốt luộc sơ vào một cái nồi và đổ sữa đậu nành vào và nấu sôi.

4 Khi nước bắt đầu sôi, cho đậu phụ, tỏi xay, hành lá thái nhỏ vào. Khi sôi hớt bỏ váng bọt. Nêm ớt và muối cho vừa ăn.

Củ deodeok nướng

Nguyên liệu

Củ deodeok (củ Codonopsis lanceolata): 300g, một ít giấm.

Gia vị nêm Tương ớt: 2 thìa canh, xì dầu: 2 thìa canh, đường: 2 thìa canh, hành lá thái nhỏ 2 thìa café, tỏi xay: 1 thìa café, vừng xay: 1 thìa café, dầu vừng: 1 thìa café.

Làm tương nêm dầu vừng: 1 thìa canh, xì dầu: 1 thìa canh, deodeok: 240g, tương ớt.

Cách chế biến

1 Củ deodeok sau khi cạo sạch vỏ rửa kỹ.

2 Chẻ đôi củ deodeok và bẻ thẳng ra.

3 Nêm gia vị như nêu trên.

4 Nêm tương, sau đó cho thêm giấm vào củ deodeok. Nướng sơ deodeok trong lò nướng.

5 Trong khi nướng nêm gia vị.

Ghi chú

Củ deodeok là đặc sản của vùng Suanbo, miền Trung gần núi Wolak. Củ deodeok nướng là món đặc sản ở nông thôn còn được gọi là "tứ sâm" hay "bạch sâm". Món này không phải dân địa phương mà còn du khách ưa thích.

Cá rán

Nguyên liệu

Cá tươi nước ngọt(cá đác - một họ cá chép) : 170g, sâm tươi: 10g, cà rốt: 10g, hành lá: 10g, ớt xanh: 15g, ớt đỏ: 15g.

Làm xốt nêm tuong ớt: 3 thìa canh, tỏi xay: 1/2 thìa canh, gừng băm nhỏ:1/2 thìa canh, đường: 1/2 thìa canh, nước: 3 thìa canh.

Cách chế biến

1 Rửa sạch cá, xếp vào chảo theo hình tròn. Đổ một ít dầu ăn lên trên, rán đến khi vàng đều.

2 Cà rốt, hành lá thái sợi dài (5×0.2×0.2cm). Sâm tươi và ớt đỏ thái xéo dày (0.3cm).

3 Trộn các gia vị với nhau để làm nước xốt.

4 Khi cá rán xong, đổ dầu đi, rồi đổ nước sốt vào. Cho các loại rau đã làm ở mục 2 vào cho đẹp, rồi nấu thêm một chút.

Ghi chú

Món cá rán này duy trì vị trí là món đặc sản của vùng gần hồ Eurimji ở Jaecheon và Daecheong Dam đã từng là tên gọi của món cá nước ngọt nhỏ được cuốn trong chảo tròn. Theo những người ở Joryeong-ri, một ông cụ ở Bắc Triều Tiên bắt đầu bán món này với tên gọi là cá rim. Từ đó nó có nhiều tên gọi, chẳng hạn như cá rán, hay cá đác rim, nhưng có một lần khách hàng nói: "Làm ơn cho tôi món cá rán trong chảo xếp tròn, hình cuốn", từ đó có tên gọi như vậy. Bởi vì âm tiếng hàn của câu "chảo xếp tròn, hình cuốn" là "dori baengbaengi".

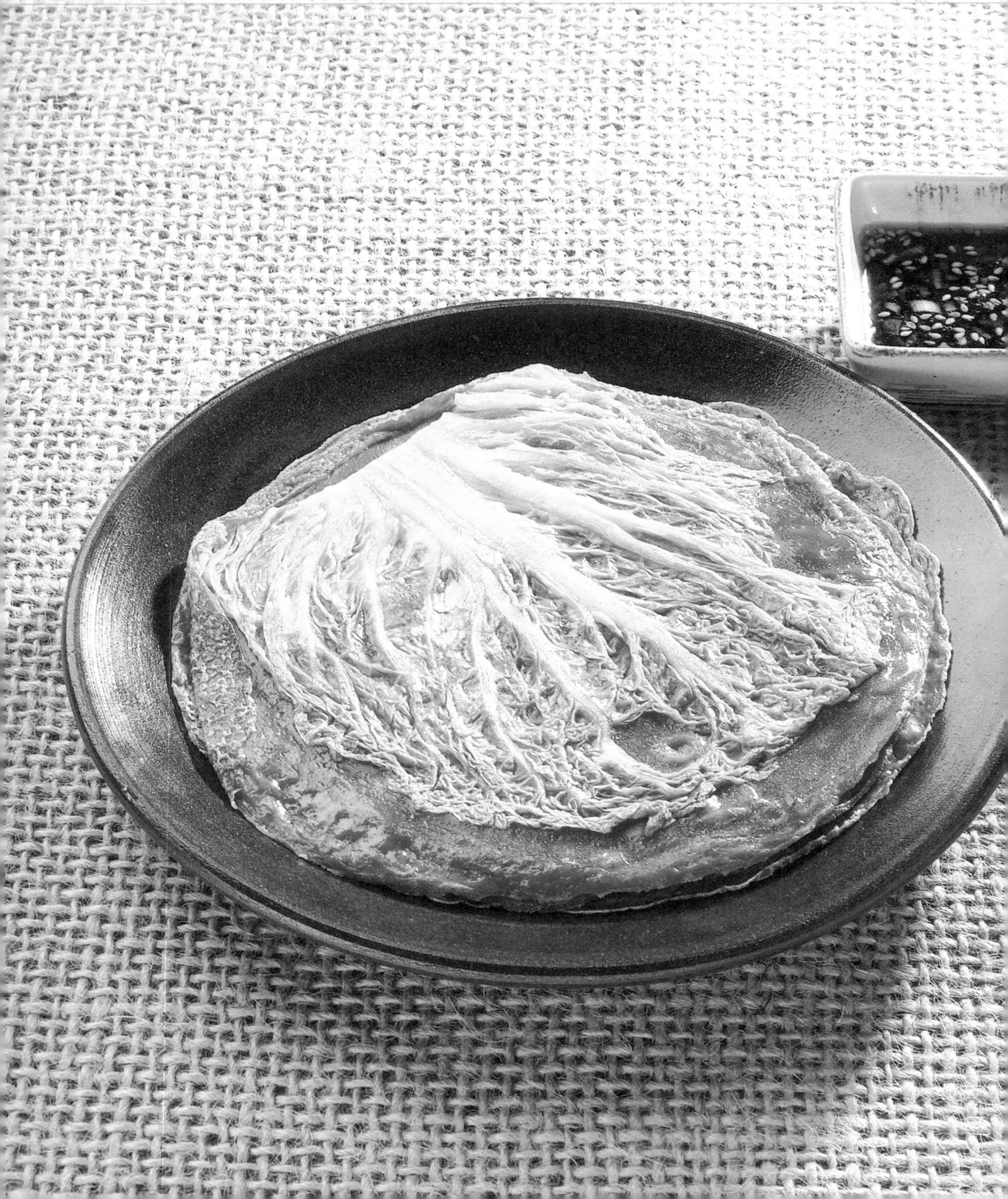

Quả đầu rán

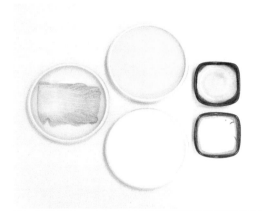

Nguyên liệu

Bột quả đầu: 150g, bột mì: 110g, kimchi rửa sạch, dầu ăn, nước: 600ml, muối: 1 thìa café.

Cách chế biến

1 Trộn bột quả đầu với bột mì, muối và rây lại.

2 Đổ nước vào hỗn hợp bột o83 mục 1, khuấy đều.

3 Đổ dầu ăn vào chảo, lót một là kimchi để ngăn bột làm ở mục 2 tiếp xúc với chảo.

4 Rán cả 2 mặt.

Bánh bột dong

Nguyên liệu

Bột dong: 160g, bột mì: 55g, ớt xanh: 20g, ớt đỏ: 20g, bí ngòi: 80g, nước: 400ml, một ít muối và dầu ăn.

Cách chế biến

1 Trộn lẫn nước, bột mì vào bột dong với nhau thật kỹ. Rây lại.
2 Bì ngòi cắt lát dày (5×0.3×0.3cm). Ớt đỏ và ớt xanh thái xéo miếng dày (0.3cm). Trộn ớt với hợp chất bột làm ở mục 1.
3 Cho dầu vào chảo nóng và đổ bột vào chảo, tráng đều và rán.

Ghi chú

Sốt để nêm (xì dầu, dầu vừng, hạt vừng, hành lá thái nhỏ, và tỏi xay) ăn với bánh dong rán rất hợp.

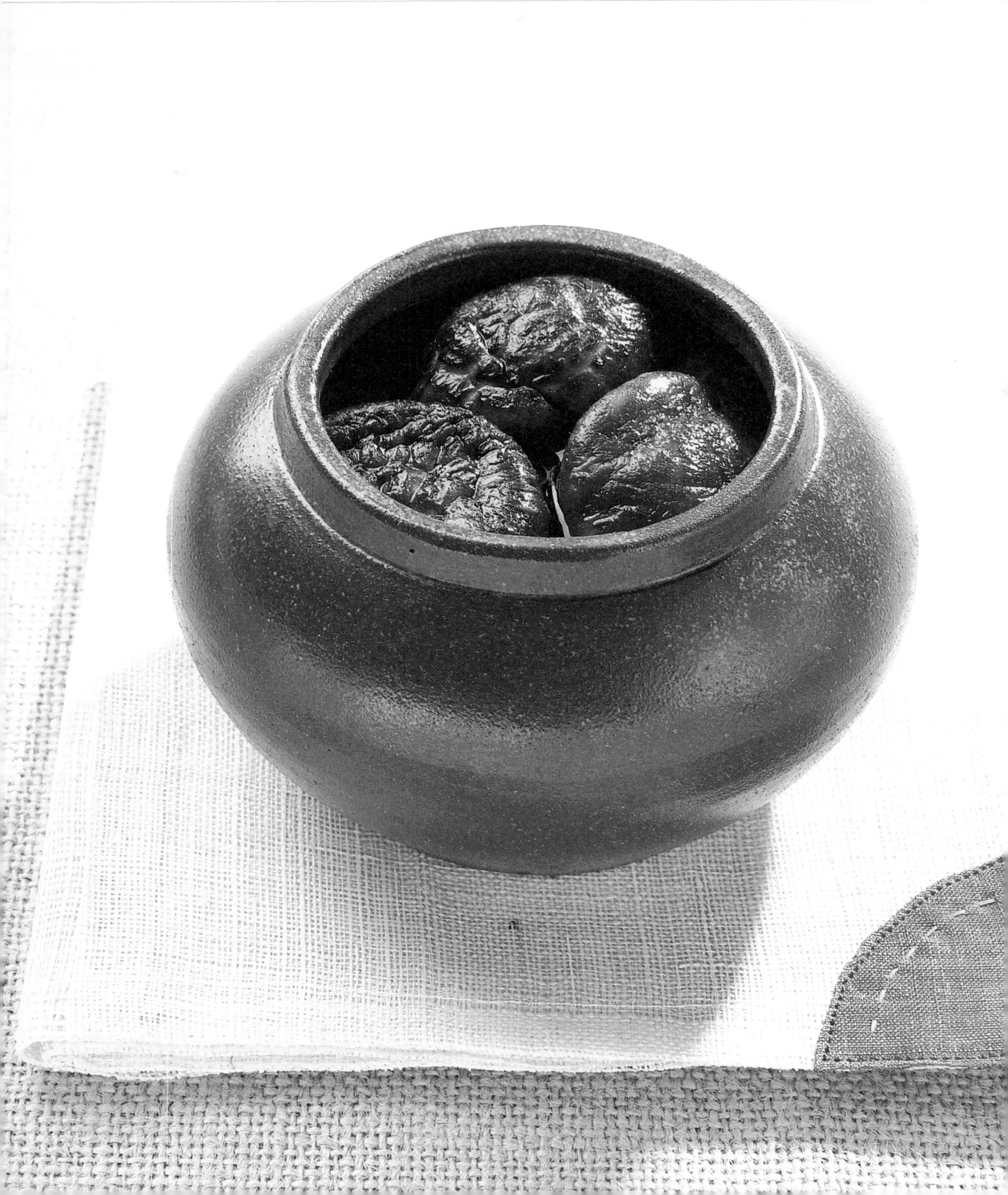

Nấm hương ngâm.

Nguyên liệu 1

Nấm hương khô: 100g, ớt khô: 2 quả, tỏi: 30g, nước vừa phải, xì dầu: 4 cốc, nước gừng: 1 thìa canh, muối: 1 thìa canh.

Nguyên liệu 2

Nấm hương khô: 100g, xì dầu: 2 cốc, xì dầu canh: 2 cốc, nước đường : 2 1/2 cốc, đường: 2 cốc.
Làm nước tảo tảo: 20g, tỏi: 30g, gừng: 20g, hành tây: 70g, ớt khô: 5 quả, nước: 7 lít.

Cách chế biến 1

1 Trộn xì dầu, nước, nước gừng, muối, tỏi, ớt khô với nhau. Sau đó đun sôi, rồi để nguội.

2 Sắp nấm vào keo, đổ nước xì dầu đã làm tại mục 1 vào.

Cách chế biến 2

1 Ngâm nấm trong nước cho mềm. cắt bỏ cọng, để cho ráo nước.

2 Đổ nước vào nồi và cho thêm tảo bẹ, tỏi, gừng, hànhtây, ớt khô. Đun sôi trong 20 phút. Dùng vải sạch lọc lại để lấy nước trong.

3 Thêm xì dầu, xì dầu canh, đường và nước đường vào nước tảo đã làm ở mục 2. Nấu cho cạn chỉ còn lại 2/3 lượng nước.

4 Cho nấm đã ngâm mềm vào nước xì dầu đã làm ở mục 3. Đun lên, sau đó vớt cái ra, đun thêm 5 phút, rồi để cho nguội. Cho nấm vào keo và đổ nước xì dầu ở mục 4 vào.

[Chungcheongnamdo]

Chungnam là khu vực nằm ở lưu vực sông Geum (Geumgang) hay còn gọi là sông Ho(Hokang) và đồng bằng Yedang, là khu vực rất phong phú với các loại ngũ cốc , do tiếp giáp với đường biển phía Tây nên cũng rất phong phú với các loại hải sản. Giống với các món ăn ở khu vực Chungbuk, khi chế biến các món ăn ở đây người ta cũng ít sử dụng gia vị, các món ăn ở đây đều có vị thanh đạm đặc trưng theo tự nhiên, lượng của món ăn cũng nhiều. Người dân ở đây thường ăn cơm lúa mạch, Beombeok, miến, mì, cháo, Cheonggukjang jigae, tương đậu. Ở đây người ta hay nấu gà vào mùa hè, nấu Kalguksu(một loại mì) và canh Teok bằng sò, ngao, hàu vào mùa đông, họ cũng dùng bí già để nấu cháo bí, nấu món Bí Beombeok, Kimchi Bí... để ăn.

Món cháo cá nấu với sâm tươi

Nguyên liệu

Sâm tươi: 2 củ, cá (Sogari hay cá nước ngọt) 400g, gạo: 360g, mì sợi: 80g, rau cải cúc (rau tần ô): 50g, nước 2,4 lit, muối.

Gia vị tương đậu 1/2 thìa canh, tương ớt ½ thìa canh, ớt bột 1/2thìa canh, hành lá thái nhỏ: 5 thìa canh, tỏi xay: 5 thìa canh.

Nhào bánh canh bột mì: 110g, nước 50ml, muối.

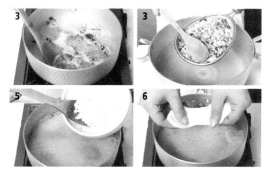

Cách chế biến

1 Gạo ngâm rồi vo sạch, sau đó để ráo nước trong khoảng 30 phút, bột mì nhào kĩ sau đó dùng miếng vải mỏng, ẩm hoặc một miễn ly nông phủ lên trên.

2 Sâm tươi thái lát mỏng (0.2cm), cải cúc thái khúc dài 5cm.

3 Cá sau khi bỏ hết nội tạng, rửa sạch, luộc đến khi nước vừa sôi thì dừng, để nguội, gỡ hết xương.

4 Bỏ tương đậu, tương ớt, ớt bột vào nước luộc cá (ở mục 3) sau đó đun khoảng 40 phút.

5 Tiếp tục bỏ gạo, tỏi xay, hành xay, cải cúc, sâm tươi vào (mục 4) sau đó đun to lửa đến khi sôi rồi giảm lửa, đun lửa nhỏ. Lúc này phải chú ý đảo đều để không bị vón cục và cháy.

6 Khi thấy hạt gạo nở đều thì bỏ mì sợi, bánh canh vào sau đó đun tiếp đến khi sôi lại là được. Nêm muối và gia vị cho vừa.

Ghi chú

Trên thực tế có rất nhiều món cháo cá, có cả một thực đơn về các món cháo cá của Hàn Quốc, người Hàn Quốc cũng rất thích và hay sử dụng sâm tươi trong các món cháo.

Canh Gà ác

Nguyên liệu

Gà ác: 1 con, các loại thảo dược truyền thống Hàn Quốc: cây hải đồng(eomnamu), xuyên khung, đương qui, hoàng kí, cầu kì tử, thương truật, cam thảo, nhung hươu, táo đỏ, hạt dẻ, nước: 3 lít, muối: 2 thìa canh.

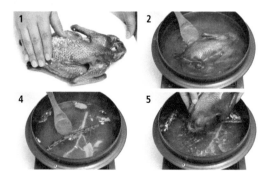

Cách chế biến

1 Bỏ đồ lòng trong con gà, để cho ráo nước. Chà muối lên con gà.

2 Nấu nước sôi, cho gà vào luộc sơ.

3 Hạt dẻ - bóc vỏ cứng bên ngoài và vỏ lụa bên trong. Rửa kĩ các loại thảo dược cây hải đồng(eomnamu), xuyên khung, đương qui, hoàng kí, cầu kì tử, thương truật, cam thảo, nhung nai và táo đỏ.

4 Cho các thảo dược như cây hải đồng(eomnamu), xuyên khung, đương qui, hoàng kí, cầu kì tử, thương truật, cam thảo vào trong thố và đổ ngập nước. Nấu kỹ cho đến khi nước có mùi thơm.

5 Cho thêm táo, hạt dẻ, và gà vào thố nước hầm và nấu cho sôi. Món canh đã nấu xong.

Cá trích (loại mình dày) nướng

Nguyên liệu

Cá trích: 3 con, muối: 1/2 thìa canh.

Cách chế biến

1 Đánh vảy cá. Rửa thật sạch, để cho ráo rồi rắc muối trên mặt cá.

2 Để cá lên vì nướng đều hai mặt, thường xuyên lật mặt cho đến khi cá có màu vàng sẫm.

Bí đỏ cắt lát rán

Nguyên liệu

Bí đỏ khô cắt lát: 100g, hành lá nhỏ: 100g, thịt bò: 200g, bột gạo nếp: 100g, dầu ăn: 1 thìa canh, nước: 100ml.

Gia vị nêm thịt bò

Xì dầu: 1 thìa canh, hành lá thái nhỏ: 2 thìa café, đường: 1 thìa canh, dầu vừng: 1 thìa café, bột vừng: 2 thìa café, hạt tiêu xay: 1/3 thìa cafe.

Gia vị nêm bí đỏ khô hành lá thái nhỏ: 2 thìa café, xì dầu: 1 thìa canh, dầu vừng: 1 thìa café, vừng xay: 2 thìa café.

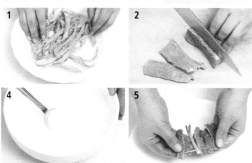

Cách chế biến

1 Chọn những lát bí đỏ dày. Ngâm nước cho mềm, rồi cắt khúc dài 6cm. Ướp với gia vị.

2 Thái thịt bò thành những miếng (6x1.5x0.5cm) và ướp với gia vị.

3 Thái khúc hành lá dài 6cm. Ướp với dầu vừng.

4 Pha bột gạo nếp vào nước, khuấy kĩ.

5 Dùng tăm xiên bí đỏ, thịt và hành lại với nhau sao cho lát bí đỏ ở hai bên.

6 Nhúng từng xiên vào bột nếp ở mục 4. Cho dầu vào chảo nóng và rán.

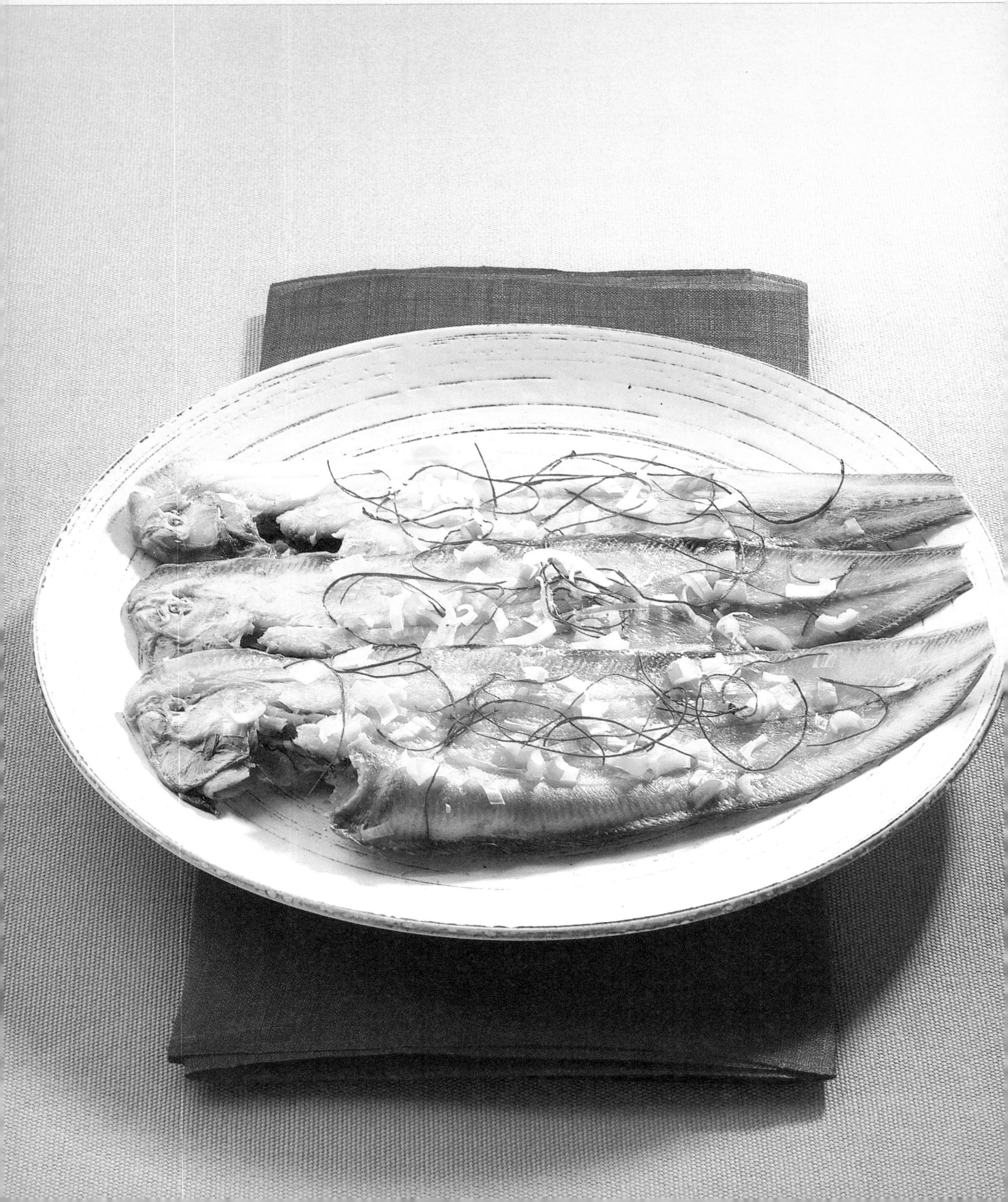

Cá lưỡi trâu hấp

Nguyên liệu

Cá lưỡi trâu khô: 100g, hành lá: 10g, dầu vừng: 1 thìa canh, một ít ớt đỏ khô cắt sợi.

Cách chế biến

1 Rửa cá lưỡi trâu khô và ướp muối, dùng vải khô lau sạch nước.

2 Phết lên một lớp dầu vừng.

3 Bỏ cá vào nồi hấp và hấp kĩ.

4 Cho thêm hành lá và ớt đỏ sợi lên trên cá. Đậy nắp nồi và hấp tiếp. Đến khi hơi bốc lên thì tắt lửa.

Ghi chú

Bakdae là tên khác của loại cá lưỡi trâu, nó được sử dụng ở tỉnh Chungcheong. Hình dẹp giống như chiếc lá và cái đế giày. Cá này được dùng để chế biến nhiều món ăn vì mùi vị của nó rất ngon. Nó thường được muối và phơi khô như cá bơn.

Cá này có đặc biệt được ưa chuộng ở vùng Seocheon. Họ thích ăn khô cá lưỡi trâu hấp hoặc phết dầu nướng.

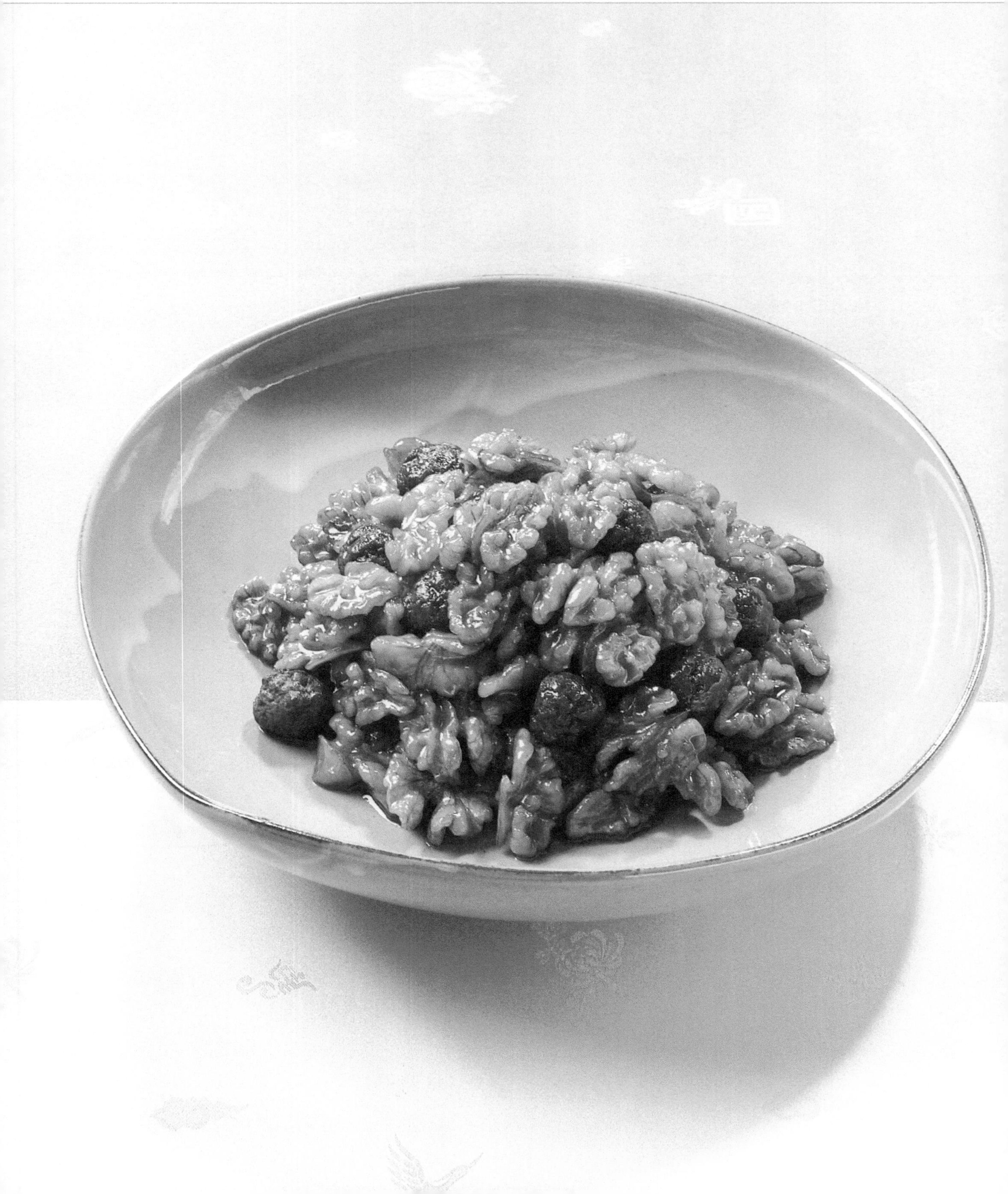

Quả óc chó dầm thịt bò

Nguyên liệu

Hột quả óc chó đã bỏ vỏ: 240g, thịt bò: 100g, nước: 140g, xì dầu: 3 thìa canh, nước đường làm sẵn: 1 thìa canh.

Gia vị nêm thịt bò xì dầu: 1 thìa café, hành lá thái nhỏ: 1 thìa, tỏi xay 1/2, hạt vừng xay: 1 thìa cafe, dầu vừng: 1 thìa cafe.

Cách chế biến

1 Cho quả óc chó vào nước đang sôi đến khi thấy bắt đầu nổi lên trên mặt nước thì tắt lửa để cho nó nguội khoảng 10 phút cho hết vị chát. Vớt qu3a óc chó ra, xả qua nước lạnh rồi để cho ráo nước.

2 Băm nhỏ thịt bò và ướp với gia vị. Viên thịt bò lại thành hình tròn có đường kính 1.5-2cm.

3 Xì dầu pha với nước và đun lên. Cho thịt bò được làm ở mục 2 và quả óc chó làm ở mục 1 vào nồi và nấu đến khi gần cạn hết nước.

4 Chế nước đường vào và trộn đều.

Mứt Sâm

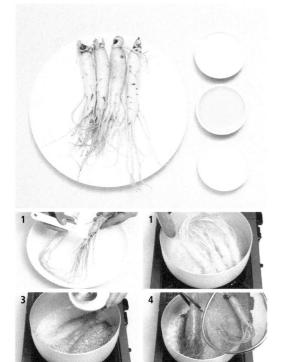

Nguyên liệu

Củ sâm tươi: 4 củ, đường: 6 thìa canh, nước đường làm sẵn: 2 thìa canh, mật ong: 1 thìa café, nước.

Cách chế biến

1 Dùng bàn chải chà sạch củ sâm , rửa trực tiếp bằng vòi nước, rồi cho vào nồi luộc kỹ.

2 Đổ sâm và một ít nước luộc sang một cái nồi khác. Cho đường vào sâm theo tỉ lệ: 2 sâm: 1 đường. Để lửa nhỏ từ từ cho đến khi sôi. Nhớ không được quậy khi nước đường đang sôi.

3 Khi lượng nước đường giảm còn một nửa, đổ nước đường và tiếp tục sên mứt. Nhớ không quậy.

4 Khi nước cạn gần hết và củ sâm chuyển sang màu đỏ trong và bóng lên thì đổ mật ong vào và đảo lên.

Ghi chú

Món mứt sâm rất được đàn ông ưa chuộng vì sâm được biết đến là loại củ có khả năng tăng cường dương khí đến mức xuất hiện ngạn ngữ: " Phòng kỹ nữ nào mà không có mứt sâm"

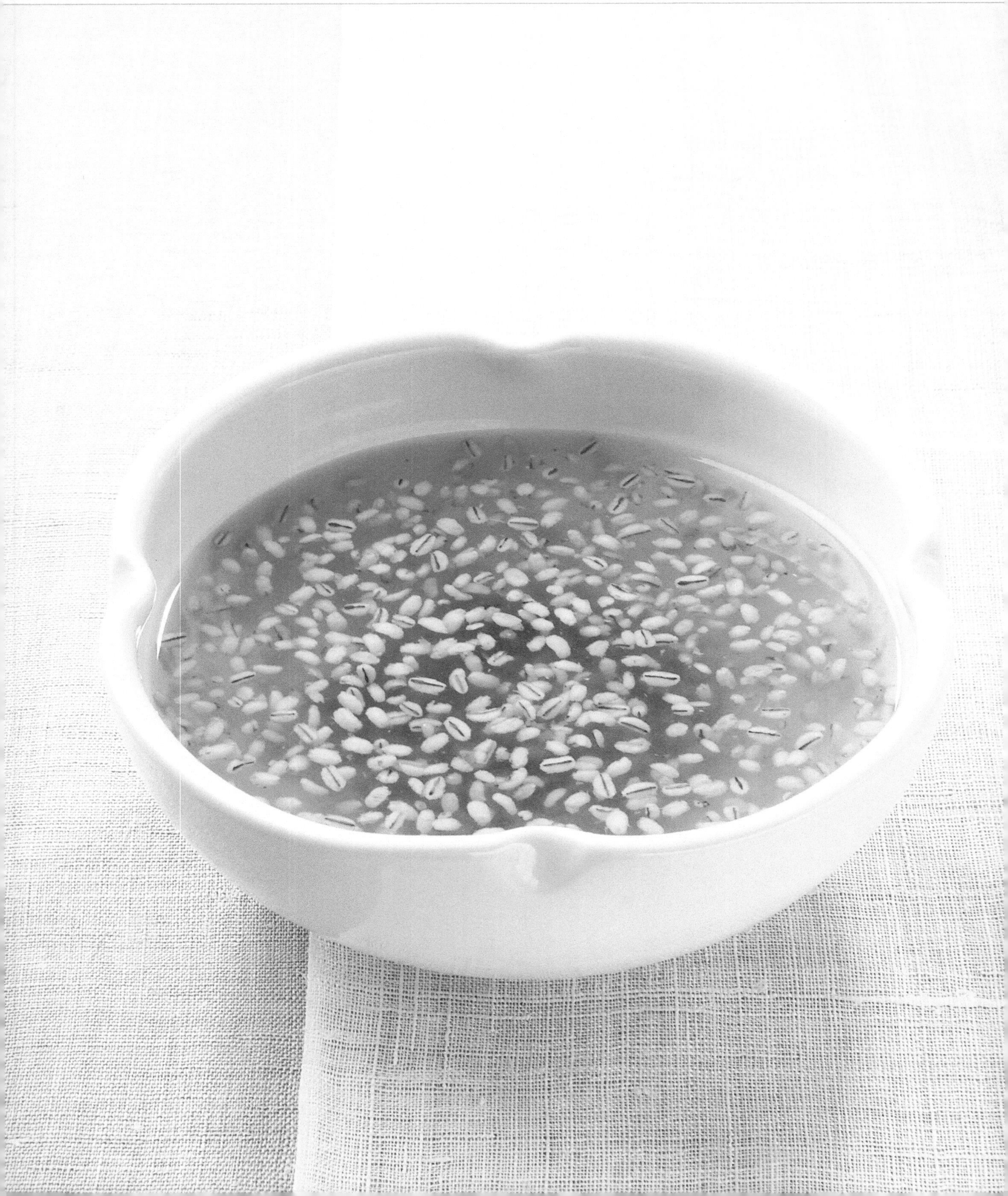

Nước lúa mạch lên men

Nguyên liệu

Cơm lúa mạch: 630g (cho 3 người), bột mạch nha: 120g, nước: 3 lít, men: ½ cốc, đường: 2 cốc.

Cách chế biến

1 Cho bột mạch nha vào nước, dùng tay bóp mạnh cho nó tan hết, lọc qua rây.

2 Để một lát cho bột đọng lại dưới đáy, lấy phần nước ở bên trên.

3 Đổ men vào cơm lúa mạch và trộn với nhau, sau đó đổ nước đã làm ở mục 2 vào, trộn đều .

4 Ủ nó một đêm ở nhiệt độ 50-60°c. Khi hạt mạch nổi lên trên mặt, dùng rây lọc hạt ra khỏi nước và để một bên. Thêm đường vào nước, đun sôi rồi để nguội.

5 Khi dùng cho thêm hạt lúa mạch vào.

Ghi chú

Cơm ủ với men gọi là She K. Khi uống có thể thêm vài hạt hạch thả nổi trên mặt nước. Loại nước này nếu không thả hạt lúa mạch vào thì được gọi là gamju hay đơn giản là nước ngọt. Trong cuốn sách "Chế biến món ăn Hàn Quốc" nói rằng nếu rượu được làm bằng gạo tẻ thì ngon hơn vì nó mềm hơn. Đầu tiên người ta cho thêm mật ong nhưng trong cuốn "Cách chế biến món ăn thời Joseon" viết rằng phần lớn dùng đường. Ngoài ra, chanh vàng, lựu, táo đỏ và hạt dẻ cũng được sử dụng trong Sikhye để tạo thêm màu sắc và vị.

Điều này đã được nhắc đến trong cuốn "Sumunsaseol" là "chanh không gọt vỏ bỏ vào lúa mạch khi nấu sẽ có vị rất dễ chịu và hạt gạo không bị vỡ, có màu trắng và vị ngọt".

Trong lúc thiếu gạo những khu vực mà người ta thường ăn cơm lúa mạch dùng cơm nguội lúa mạch để làm món uống này. Người ta thường ngồi thành vòng tròn trên một tấm thảm bằng cói dưới gốc cây và uống loại nước có vị ngọt và chua làm từ lúa mạch này.

Các món Cháo chính

Jeonllabukdo

Jeonllabukdo la khu vực có núi, có biển, có đồng bằng(tiếp giáp với Tây Hải-biển phía tây của Hàn Quốc, đồng bằng Hồ Nam lớn nhất Hàn Quốc), là trung tâm văn hóa nông nghiệp, sản xuất 16% lương gạo trong tổng lượng gạo của toàn Hàn Quốc. Khu vực này là khu vực nổi tiếng với ngư nghiệp phát triển, chế tác đồ gốm sứ, trồng nhân sâm và Omija(Schizandra).

Ở Jeonju thì nổi tiếng với cơm giá đỗ, cơm canh giá đỗ, cơm cuốn, cơm độn hạt kê, cơm độn khoai lang..vv. Món canh Teok thường được ăn vào ngày tết ở đây thường được nấu cùng với thịt bò, thịt chim trĩ hay là cá Meolchi(một loại cá biển, nhỏ của Hàn quốc). Canh giá đỗ hay la canh rong biển ở đây thường chỉ được nêm gia vị băng muối. Kimchi ngoài lúc cho vào hũ đựng kimchi thì ở khu vực này người ta không sử dụng ớt bột, chủ yếu người ta sử dụng ChapSalphul(làm từ bột gạo nếp hòa tan rồi quấy chín vời nước) hay la cơm, tỏi, gừng, Thonggochu(một loại ớt) ngâm hay là Dahonggochu(một loại ớt đỏ của Hàn quốc) ngâm. Các nguyên liệu này sau khi được nghiền nhỏ thì cho thêm nước mắm hay là muối vào, sau đó đem trộn đều vời củ cải thái nhỏ(thái sợi) để cho ngấm, tiếp đó đem trộn cải thảo đã rửa sạch để ráo nước với củ cải thái nhỏ đã ngấm gia vị là được. Ở Cheonlado cũng rất nổi tiếng với Teok kiều mạch, ChanTeok, đặc biệt là ở đây rất nổi tiếng với Teokjaban. Để làm món này người ta đem trộn tương ớt với bột gạo nếp sau đó đem nhào kĩ thành hình tròn, mỏng tiếp theo đó đem rán qua, tiếp đó cho ớt bột, đường, nước tương vào đun đến khi các loại gia vị keo đặc vào miếng Teok thì ngừng, để nguội , thái mỏng, làm món ăn phụ trên bàn ăn.

Cơm trộn rau kiểu Jeonju*

Nguyên liệu

Gạo: 540g, thịt bò sống thái lát (hoặc thịt bò xào): 150g, nước xương bò: 800ml, giá sống: 100g, rau cần ta: 100g, bí ngòi: 200g, củ cát cánh (torachi): 100g, gosari: 150g, nấm hương khô: 10g, củ cải: 80g, dưa leo: 70g, cà rốt: 70g, thạch đậu xanh : 150g, trứng: 400g, tương ớt làm bằng gạo nếp: 70 g (hoặc 4 thìa café), tảo bẹ rán, quả hạch, dầu ăn vừa đủ.

Gia vị nêm thịt bò xì dầu 1 thìa café, rượu sake : 1 thìa café, dầu vừng: 1 thìa, tỏi xay, hạt vừng rang, đường: vừa đủ.

Gia vị nêm rau (giá đậu nành sống, rau cần ta, bí ngòi, và cát cánh) muối, tỏi xay, bột vừng, dầu vừng.

Gia vị nêm gosari và nấm hương xì dầu, tỏi xay, vừng xay, dầu vừng.

Gia vị nêm củ cải bột ớt, muối, tỏi xay, gừng băm.

Cách chế biến

1 Dùng nước xương bò để nấu cơm, xới cơm ra đĩa nông cho cơm nguội.

2 Ướp thịt với các gia vị nêm thịt bò.

3 Trụng sơ giá sống và rau cần ta, rồi ướp với gia vị.

4 Thái bí ngòi thành những lát mỏng, ướp muối và vắt cho hết nước. Xé nhỏ củ cát cánh, bóp với muối, rửa lại cho mất vị chát, vắt sạch nước, trộn với gia vị và đem xào với dầu ăn.

5 Ngâm gosari trong nước khoảng 2 tiếng cho mềm, rồi luộc sơ cho cuống mềm. Cắt ra thành những đoạn ngắn. Nấm hương ngâm nước cho mềm, cắt sợi nhỏ. Xào với gia vị dành cho nấm hương.

6 Thái mỏng củ cải, ướp với gia vị. Thái lát cà rốt và dưa leo.

7 Thạch đậu xanh cắt mỏng. Tráng mỏng lòng trắng trứng và lòng đỏ trứng riêng. Tảo bẹ thái miếng nhỏ.

8 Xếp tất cả các nguyên liệu đã chuẩn bị xong lên trên mặt cơm theo hình tròn. Trên cùng để tương ớt đỏ.

9 Chúng ta cũng có thể cho thêm trứng sống và trang trí thêm mấy hạt hạch tùy theo sở thích.

Ghi chú

Jeonju có loại giá sống dài và ngon do nước ở đó sạch và thời tiết tốt. Yếu tố quan trọng để phân biệt vị Bibimbap của Jeonju là các lát thịt bò sống. Người ta thường ăn Bibimbap với canh giá đậu nành, tương ớt xào, dầu vừng và kimchi nước (nabak kimchi).

* Bibimbap được biết đến như một món ăn tiêu biểu tốt cho sức khỏe

Cơm trộn kiểu Hwangdeung
(Cơm trộn với thịt bò sống và rau)

Nguyên liệu

Gạo: 360g, thịt bò sống thái lát: 200g, giá đậu nành sống: 100g, rau bó xôi: 80 g, thạch đậu xanh 80g, nước để nấu cơm: 470ml, trứng gà: 200g, bột rong biển khô, một ít muối.

Gia vị nêm thịt bò xì dầu: 2 thìa canh, tỏi xay: 1 thìa canh, dầu vừng: 1 thìa canh, đường: 1 thìa canh, bột ớt: 2 thìa café.

Gia vị nêm xì dầu xì dầu: 4 thìa canh, hành lá thái nhỏ: 2 thìa canh, tỏi xay: 1 thìa canh, dầu vừng: 1 thìa canh, bột ớt: 2 thìa café.

Cách chế biến

1 Cho gạo vào nồi và nấu cơm.

2 Thái thịt bò thành sợi có kích thước 5x0.3x0.3 cm và trộn đều với gia vị nêm.

3 Trụng giá và rau bó xôi riêng. Nêm ít muối vào rau.

4 Thạch đậu xanh thái sợi theo kích thước 5x0.3x0.3 cm.

5 Làm nước sốt.

6 Trộn giá đã trụng với sốt và cơm. Xới cơm ra thố và xếp rau bó xôi và thịt bò lên trên bề mặt.

7 Xếp bột rong biển, lòng trắng và lòng đỏ trứng rán và thạch đậu xanh lên trên cơm. Nêm một ít dầu vừng tùy theo khẩu vị.

Ghi chú

Canh huyết lợn ăn với cơm trộn cũng rất ngon.

Có rất nhiều giả thuyết về nguồn gốc món bibimbap (cơm trộn với rau và thịt bò), sau đây là một vài giả thuyết:

① Giả thuyết cho rằng món này có nguồn gốc từ hoàng cung. Các vị vua thời Triều Tiên buổi trưa tiếp họ hàng và bạn bè thân thiết bằng món ăn này cho đơn giản.

② Giả thuyết cho rằng Bibimbap được phục vụ trong các chuyến chạy nạn của vua do chiến tranh hay loạn lạc. Do không đủ thực phẩm hay không đủ bát đĩa để phục vụ cho bữa ăn của vua, vì thế nhiều loại rau khác nhau đã được trộn với cơm cho tiện.

③ Giả thuyết cho rằng Bibimbap được làm để đáp ứng nhu cầu của người nông dân trong vụ mùa bận rộn, không thể nấu được tất cả các món mỗi ngày và cũng rất khó để mang đủ bát đĩa ra đồng, chính vì thế chúng được trộn với nhau trong một cái tô cho tiện.

④ Giả thuyết cho rằng Bibimbap xuất phát từ cuộc cách mạng Donghak , những người tham gia cuộc nổi dậy đã trộn lẫn các nguyên liệu vào với nhau vì họ không đủ bát đĩa.

⑤ Giả thuyết cho rằng sau khi cúng giỗ xong các thực phẩm được trộn vào nhau để có thể tiêu thụ được hết các trong một lần.

⑥ Giả thuyết cho rằng Bibimbap được nghĩ ra để ăn hết những thức ăn thừa của năm trước sau khi chuẩn bị những món ăn ngon để đón Năm Mới. Các đĩa rau đã chín và cơm được trộn chung với nhau.

Cháo sò, nghêu
(Manila clam)

Nguyên liệu

Gạo tẻ: 360g hoặc gạo nếp: 335g (2 cốc), nghêu: 100g (30 con), nước: 2 lít, đậu xanh: 80g (1/2 cốc), nấm hương: 50g (4 cái), cà rốt: 60g, nhân sâm: 1 củ, hành lá thái nhỏ: 1thìa canh, tỏi xay: 1 thìa canh, xì dầu: 1 thìa canh, dầu vừng: 1 thìa canh.

Cách chế biến

1 Gạo sau khi ngâm, vo sạch, để ráo nước, giữ lại nước vo gạo.

2 Đậu xanh vo sạch, để ráo nước sau đó tách vỏ.

3 Nấm hương ngâm trong nước ấm, vớt ra, thái nhỏ 0,1cm sau đó ướp với xì dầu.

4 Cà rốt thái lát dọc, mỏng, nhân sâm thái 5x 0.2x0.2cm.

5 Nghêu sau khi tách vỏ, bỏ vào nồi, cho ít dầu vừng xào lên.

6 Khi nghêu chín thì tiếp tục bỏ gạo vào xào.

7 Đổ nước vo gạo vào nồi (mục 6) rồi đun trong khoảng 30 phút.

8 Khi thấy hạt gạo nở, có màu trắng đục thì bắt đầu bỏ thêm những gia vị đã chuẩn bị ở trên tỏi xay, hành, nấm hương, đậu xanh vào.

9 Khi các nguyên liệu đã chín hết thì thêm xì dầu và bỏ nhân sâm lên trên để trang trí cho đẹp.

Canh cá chạch

Nguyên liệu

Cá chạch: 300g, lá cải (phần lá của cây củ cải): 80g, hành tây: 40g, gừng: 20g, tỏi tây: 20g, nước: 800ml, vừng xay: 2 thìa canh, tỏi xay: 2 thìa cafe, ớt xay: 2 thìa canh, tiêu bột, bột sancho, muối.

gia vị dành riêng cho lá cải tương đậu: 3 thìa canh, tương ớt: 1 muỗng, tỏi xay: 1 muỗng.

Cách chế biến

1 Nước đun sôi sau đó bỏ cá chạch, hành tây và gừng thái miếng vừa vào đun.

2 Cá chạch sau khi đã chín nhừ, dừng đun, vớt ra, bỏ xương. Vớt hành tây và gừng trong nước luộc cá ra.

3 Lá cải luộc vừa chín tới, vớt ra để nguội, thái khúc, trộn với gia vị.

4 Bỏ phần thịt cá (mục 2) cùng lá cải đã trộn gia vị vào nước luộc cá(mục 2) rồi đun.

5 Tiếp theo bỏ tỏi xay, bột vừng xay vào. Cuối cùng là bỏ tỏi tây thái vát cùng với tiêu bột vào. Nêm gia vị vừa miệng.

6 Bột sancho và ớt bột là gia vị ăn kèm.

Ghi chú

Có nhiều các món ăn giống canh chueo. Nhưng nhiều người thích ăn lẩu hơn là canh.

Ngao hấp

Nguyên liệu

Ngao tươi: 2kg, đậu phụ:170g, thịt bò: 50g, trứng: 200g, nấm mèo: 5g, ớt đỏ: 60 g, ớt xanh: 60g, bột mì: 2 thìa canh.

Gia vị nêm xì dầu: 1/2 thìa canh, hành lá thái nhỏ, tỏi xay, đường, một ít vừng xay, dầu vừng.

Cách chế biến

1 Ngâm ngao trong nước muối để cho sạch bùn sạn. Rửa nghêu kỹ.

2 Tách nghêu lấy thịt ra khỏi vỏ. Băm nhuyễn thịt ngao, đậu phụ, thịt bò và trộn đều với gia vị.

3 Rửa sạch vỏ ngao, lau khô vỏ, nhồi thịt và đậu phụ đã làm ở mục 2 vào vỏ nghao và rắc bột mì lên, phết lòng đỏ trứng gà lên trên rồi đem hấp.

4 Luộc số trứng còn lại, tách lòng đỏ và lòng trắng riêng, tán nhuyễn và lọc qua rây để làm bột trứng. Thái nhỏ nấm mèo, ớt đỏ, ớt xanh.

5 Rải các thứ đã thái sẵn ở mục 4 lên trên con nghêu đã hấp ở mục 3.

Ghi chú

Món ngao hấp thích hợp nhất vào mùa xuân và mùa thu. Món này được làm từ thịt bò, nấm, nghêu và nhồi vào vỏ nghêu. Trong quyển "Tăng bổ sơn lâm kinh tế" (Sách về nông nghiệp Hàn Quốc thời Triều Tiên) món này được gọi là Daehapjeung trong sách "Món ăn của chúng ta", còn các sách "Chế biến tại nhà trên thế giới", "Món ăn Hàn Quốc" và "Món ăn truyền thống Hàn Quốc" thì gọi món này là Deahapjjim (Nghêu hấp). Ngoài ra, "Sơn lâm kinh tế" khi giới thiệu phương pháp chế biến ngao còn nói rằng" nên để thịt ngao khô lên trên gạo, thay cho việc ăn như món cá sống hay nấu cháo nghêu. Nghêu còn được muối và ủ như nước mắm" . Nghe nói rằng món nghêu hấp luôn được chiêu đãi trong các bữa tiệc.

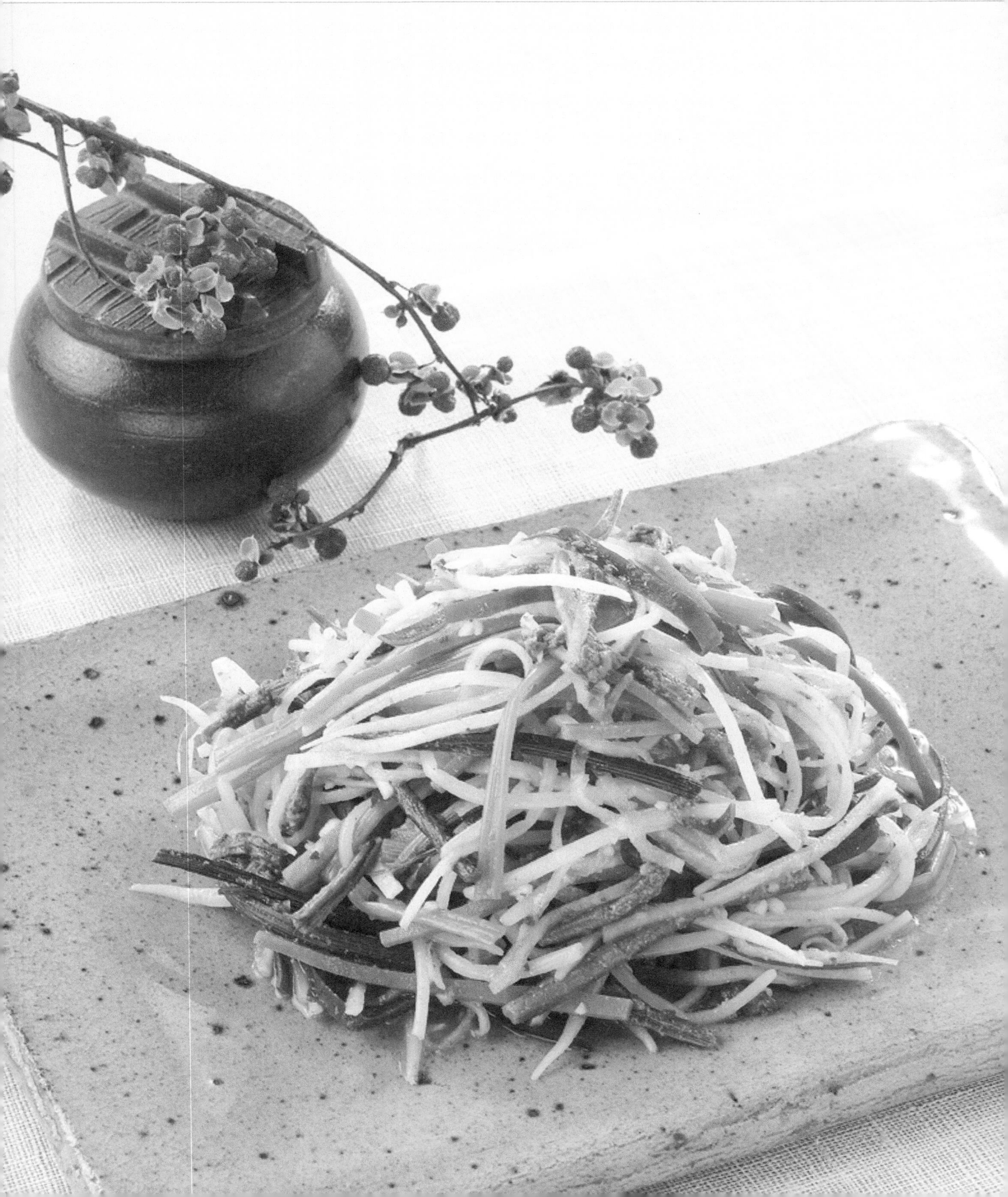

Giá trộn

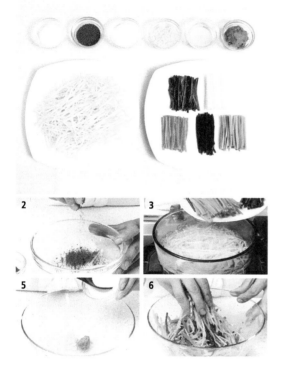

Nguyên liệu

Giá đậu: 200g, củ cải: 80g, gosari (búp dương xỉ) 80g, cà rốt: 80g, rau cần ta: 50g, rong biển: 10g, ớt bột, muối.

(gia vị) dấm: 4 thìa canh, đường: 4 thìa canh, tỏi xay: 2 thìa canh, bột hạt cải: 1 thìa canh, muối: 1 thìa canh, vừng: 1 thìa canh.

Cách chế biến

1 Giá đậu bỏ phần đầu và phần rễ, luộc chín tới bằng nước muối.

2 Củ cải thái mảnh(5x0.2x0.2cm)sau đó bỏ ớt bột vào, trộn đều.

3 Búp dương xỉ, rau cần thái dài khoảng 5cm, cà rốt thái sợi (5x0.2x0.2cm) sau đó luộc sơ với nước muối.

4 Rong biển thái khúc khoảng 5cm.

5 Bột hạt cải hòa đặc với nước ấm trong âu nhỏ sau đó đậy kín, để ở nơi có nhiệt độ ấm. Sau đó bỏ thêm vừng, muối, tỏi xay, dấm, đường vào làm thành gia vị.

6 Trộn gia vị với nguyên liệu đã chuẩn bị rong biển, củ cải, rau cần, cà rốt, búp dương xỉ, giá đậu.

Bánh bi nếp Jeonju

Nguyên liệu:

Gạo nếp: 900g, nhân hạt dẻ cắt sợi: 1/2 cốc, táo đỏ cắt sợi: 1/2 cốc, hồng khô cắt sợi: 1/2 cốc, đường: 75g, nước: 150ml, muối: 1 thìa canh.

Cách chế biến:

1 Vo gạo nếp, ngâm trong nước 5 tiếng, Thêm muối vào và xay, lọc qua rây.

2 Đổ nước sôi từng ít một vào bột gạo nếp, trộn đều. Nhào đều cho đến khi bột dẻo.

3 Lấy miếng vải ướt đậy bột lại. Nặn bánh hình tròn cỡ bằng hạt dẻ.

4 Cho đường và nước vào nồi đun lên cho tan đường, bỏ bánh (mục 3) vào nồi tiếp tục cho sôi.

5 Khi bánh bắt đầu nổi lên trên mặt nước, vớt bánh ra và xả qua nước lạnh, bỏ lên rổ cho ráo nước.

6 Rải hạt dẻ, táo đỏ, hồng riêng ra trên một cái đĩa. Đặt bánh lên trên và lăn bánh

Jeollanamdo

Các món ăn ở Jeonnam rất đa dạng, ở ven biển Tây nam đa dạng, phong phú với các loại hải sản, ở các khu vực vùng núi Đông bắc đa dạng với các loại lâm thổ sản. Ở Jeonnam có loài cá Hồng rất quý hiếm, món cá Hồng là món không thể thiếu được trong các dịp lễ hội hay cưới hỏi. Kim chi Jeonnam là sự kết hợp của nhiều ớt bột và nước mắm với các nguyên liệu phong phú như: Pharae(tảo xanh), tỏi lá xanh, ớt xanh, hành, Gat(một loại cải của Hàn quốc), dưa leo- dưa chuột, cải thảo, củ cải..., điểm đặc biệt là nước Kim chỉ rất ít. Teok của Jeonnam cũng rất đặc biệt, người ta thường bỏ nhiều muối và đường vào bột Teok, sau đó bỏ lá ngải cứu hoặc lá Mosi vào để Teok có màu xanh.

Cơm nấu trong ống tre.

Nguyên liệu

Gạo tẻ: 150g (hay 3/4 cốc), gạo nâu (còn lớp cám bên ngoài): 30g, lúa mạch (bo bo): 30g, nếp cẩm: 10g, hạt dẻ: 130g, bạch quả: 30g, táo đỏ: 16g, một ít nước.

Cách chế biến

1 Trộn lẫn gạo tẻ với gạo nếp, gạo nâu, lúa mạch, nếp cẩm, vo sạch. Ngâm trong nước một đêm cho mềm.

2 Đổ gạo ở mục 1 ra rá cho ráo nước, rồi đổ gạo vào 60% ống tre. Đổ nước vào ống tre ngập gạo 1cm.

3 Cho thêm hạt dẻ, bạch quả, táo đỏ lên trên mặt gạo. Dùng giấy gió phủ kín lại (loại giấy truyền thống của Hàn Quốc).

4 Đặt ống tre vào nồi, đổ nước lút ½ chiều cao của ống tre. Hấp trong 40 phút.

5 Để thêm 5 -10 phút cho cơm chín.

Cơm trộn kiểu Yukhoe
(Cơm với thịt bò sống)

Nguyên liệu

Cơm đã nấu: 840g, thịt bò: 200g, giá đậu nành: 100g, rau bó xôi 100g, bí ngòi: 100g, nấm thông: 100g, củ cải cắt lát: 100g, xà lát: 5g, trứng:200g, bột rong biển khô: 5g, tương ớt: 4 thìa canh, bột ớt: 1 thìa canh, tỏi tây thái nhỏ: 6 thìa canh, tỏi xay: 3 thìa canh, muối: 1 thìa canh, xì dầu canh, dầu vừng, muối vừng, hạt vừng xay.

Cách chế biến

1 Thái thịt bò theo sở ngang theo kích thước (5X0.2X0.2cm), ướp với dầu vừng và hạt vừng xay.

2 Rửa sạch giá sống, cho tí muối vào nồi nước sôi và trụng sơ giá. Nêm giá với hành lá thái nhỏ, tỏi xay, muối và dầu vừng.

3 Luộc sơ rau bó xôi, xả qua nước lạnh, rẩy cho khô. Nêm với tỏi tây, tỏi xay, xì dầu canh, dầu vừng.

4 Luộc sơ Gosari. Nêm rau với xì dầu canh, dầu vừng, tỏi xay, muối vừng, rồi đem xào.

5 Bí ngòi thái lát theo kích thước (5x0.2x0.2cm). Dùng tay xé nhỏ nấm thông ra rồi xào với dầu vừng và muối. Xà lách thái nhỏ 0.2cm.

6 Nêm củ cải thái sợi với bột ớt, tỏi xay, muối, dầu vừng, hạt vừng xay, trộn đều.

7 Múc cơm cho vào thố. Xếp các thứ đã được chế biến lên trên cơm, trên cùng để một cái lòng đỏ trứng, vừng xay, tương ớt, bột rong biển.

Cháo Bào ngư
(abalone)

Nguyên liệu

Bào ngư: 330g (4 con), gạo 180g (1 cốc), nước: 1.2lít (6 cốc), dầu vừng: 2 thìa canh, muối: 1 thìa canh.

Cách chế biến

1 Bào ngư rửa sạch, dùng tay tách riêng ruột và thịt của bào ngư.

2 Thịt Bào ngư thái miếng dày.

3 Gạo sau khi ngâm vo sạch để ráo nước, xay hoặc nghiền nát.

4 Ruột bào ngư xào qua bằng dầu vừng sau đó đổ nước vào đun. Bỏ ruột bào ngư đi, chỉ lấy riêng nước đun với ruột bào ngư. Xào qua gạo (bước 3) bằng dầu vừng sau đó đổ nước luộc Cheonbok(bước 4) vào đun. Đầu tiên đun bằng lửa lớn sau đó giảm dần đến khi các hạt gạo nở hết thì vặn nhỏ lửa hết cỡ.

5 Khi bắt đầu sôi thì bỏ thịt bào ngư vào, đun thêm một chút rồi nêm muối cho vừa miệng.

Ghi chú

Cháo Cheonbok là thức ăn dinh dưỡng bổ sung sức khỏe dành cho trẻ nhỏ, người già, bệnh nhân.Ở Cheonnamdo khu vực Oando người ta nấu cả ruột lẫn thịt của bào ngư, cháo sẽ có màu đen nhưng vị và dinh dưỡng sẽ ngon hơn và nhiều hơn.

Canh xương hầm kiểu Naju:

Nguyên liệu

Xương bò, thịt bò (thịt bắp và ức): 150 g, củ cải: 200g, hành tây: 50g, tỏi tây: 35g, tỏi: 15g, trứng: 50g, tỏi xay nhuyễn, bột ớt, muối, dầu vừng ,vừng xay, nước vừa đủ.

Cách chế biến

1 Bỏ xương vào nồi, đổ nước ngập xương. Hầm thật kỹ. Đổ nước hầm ra một cái tô khác.

2 Đổ nước ngập xương và hầm một lần nữa, lần này hầm đến khi nước chuyển sang màu trắng trong. Đổ hai loại nước (mục 1 và 2)vào với nhau.

3 Cho thêm thịt bò, củ cải, hành tây, 1 nửa cây hành lá, tỏi vào nước thịt hầm ở mục 2, và nấu lại cho sôi.

4 Khi thịt chín, lấy thịt ra và cắt lát, cắt nốt phần hành lá còn lại.

5 Nước hầm thịt ở mục 3 lọc qua vải lấy nước trong.

6 Tách lòng trắng và lòng đỏ trứng ra và rán riêng thật mỏng, sau đó cắt sợi (5x0.2x0.2cm)

7 Lấy nước thịt ở mục 5 đổ vào tô. Bỏ các lát thịt vào tô, xếp hành lá, tỏi xay, lòng trắng và lòng đỏ trứng rán, hạt vừng, dầu vừng, bột ớt lên trên sao cho đẹp mắt. Canh ăn thêm với muối tùy khẩu vị.

Ghi chú

Canh xương hầm kiểu Naju có mùi vị rất ngon. Không giống như canh (canh xương bò) hay các loại canh khác, nó không cần có bộ đồ lòng bò. Khi thịt ngực, thịt vai thêm vào và đun sôi thì nước hầm càng trong và có vị ngon hơn.

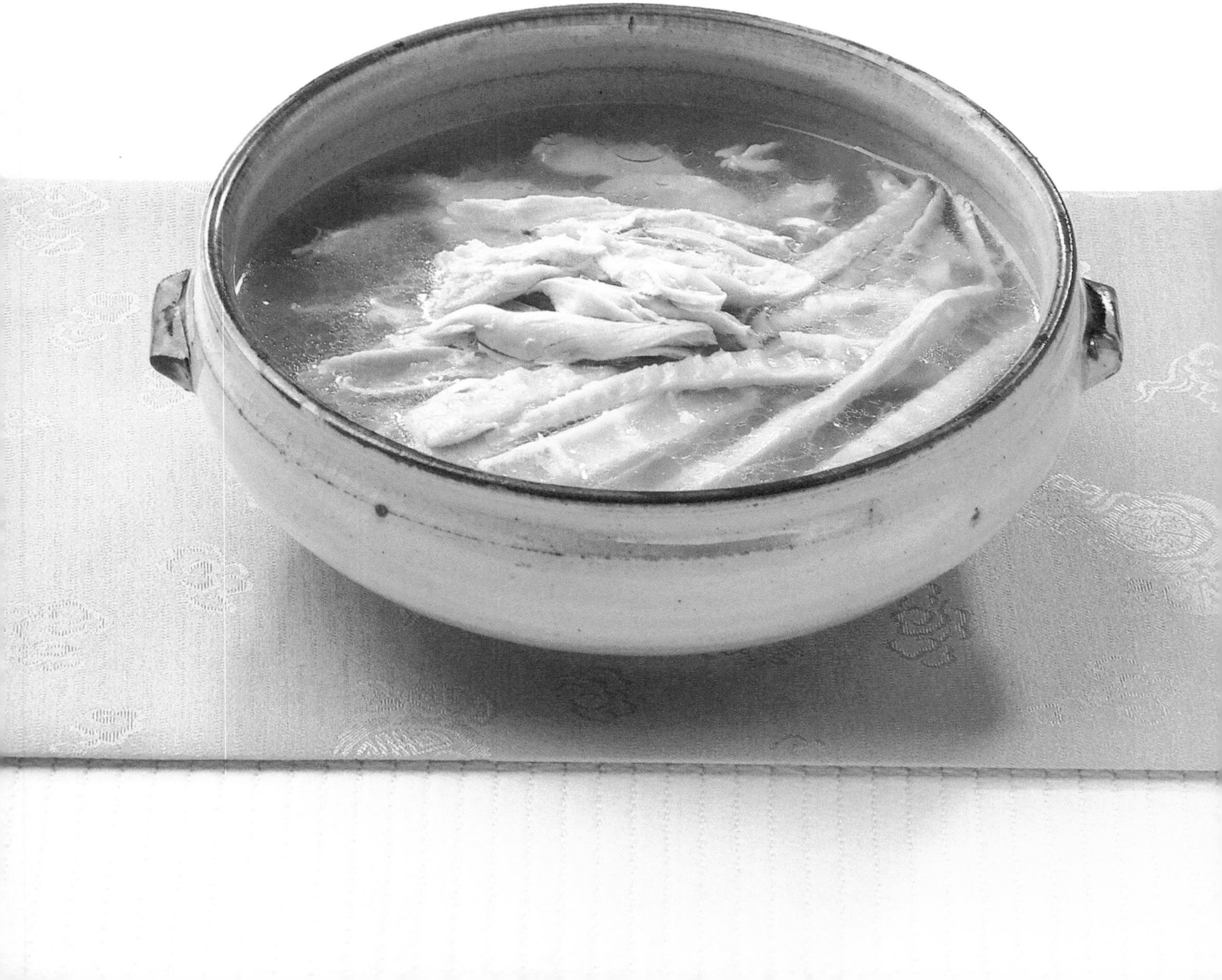

Canh măng tươi

Nguyên liệu

Măng tươi: 400g, một con gà nhỏ (nặng khoảng 800g), gạo nếp: 2 thìa canh, tỏi: 20g, nước gạo: 600ml, nước: 2.4 lít, muối: 1 thìa café, một ít tiêu.

Cách chế biến

1 Luộc măng với nước vo gạo. Ngâm trong nước ấm cho hết vị chát.

2 Vo gạo nếp và ngâm cho mềm.

3 Cắt bỏ phao câu gà, cắt bỏ lòng, cổ, cánh, rửa sạch bên trong, bỏ sạch máu và để cho ráo.

4 Nhồi gạo nếp và tỏi vào trong con gà. Dùng chỉ may bụng con gà lại.

5 Cho gà vào nồi cùng với măng, đổ nước ngập và đun lên.

6 Khi gà chín kỹ, lấy gà và măng ra. Nêm muối và tiêu vào nước hầm gà.

7 Xé thịt gà và măng ra. Xếp thịt gà và măng vào tô, đổ nước hầm lên trên.

Canh Changtungeo
(Canh cá Thời lòi)

Nguyên liệu

Cá thời lòi 1kg, lá cải: 300g, bí đỏ: 100g, tỏi tây: 35g, ớt xanh: 15g, ớt đỏ: 15g, tương đậu: 3 thìa canh, xì dầu: 3 thìa canh, tỏi xay 1 thìa canh, gừng xay: 1 thìa canh, nước, muối.

Cách chế biến

1 Cá thời lòi luộc cả con.
2 Lá cải luộc chín tới, vớt ra để nguội sau đó thái khúc dài khoảng 5cm.
3 Bí đỏ bổ đôi thái lát, tỏi tây cắt đôi thái dài khoảng 5cm.
4 Ớt xanh bỏ hạt, ớt đỏ bỏ hạt thái nhỏ rồi xay với nước.
5 Hòa tương đậu vào (1) sau đó bỏ ớt đỏ vào.
6 Bỏ tỏi tây, bí đỏ, lá cải đã chuẩn bị vào. Sau khi đun một chút tiếp tục bỏ xì dầu, tỏi xay, gừng xay vào, đun sôi.
7 Nêm muối vừa miệng, múc ra bát sau đó trang trí ớt xanh và các gia vị xay lên trên.

Ghi chú

Canh cá thời lòi chủ yếu được ăn vào mùa hè và cũng là món ăn dễ làm, các nguyên liệu dễ kiếm. Cũng có thể nấu cùng với lá bi, lá bangat, dọc mùng. Tùy theo khẩu vị và sở thích thì các bạn cũng có thể bỏ thêm bột chophi(một loại hương vị).

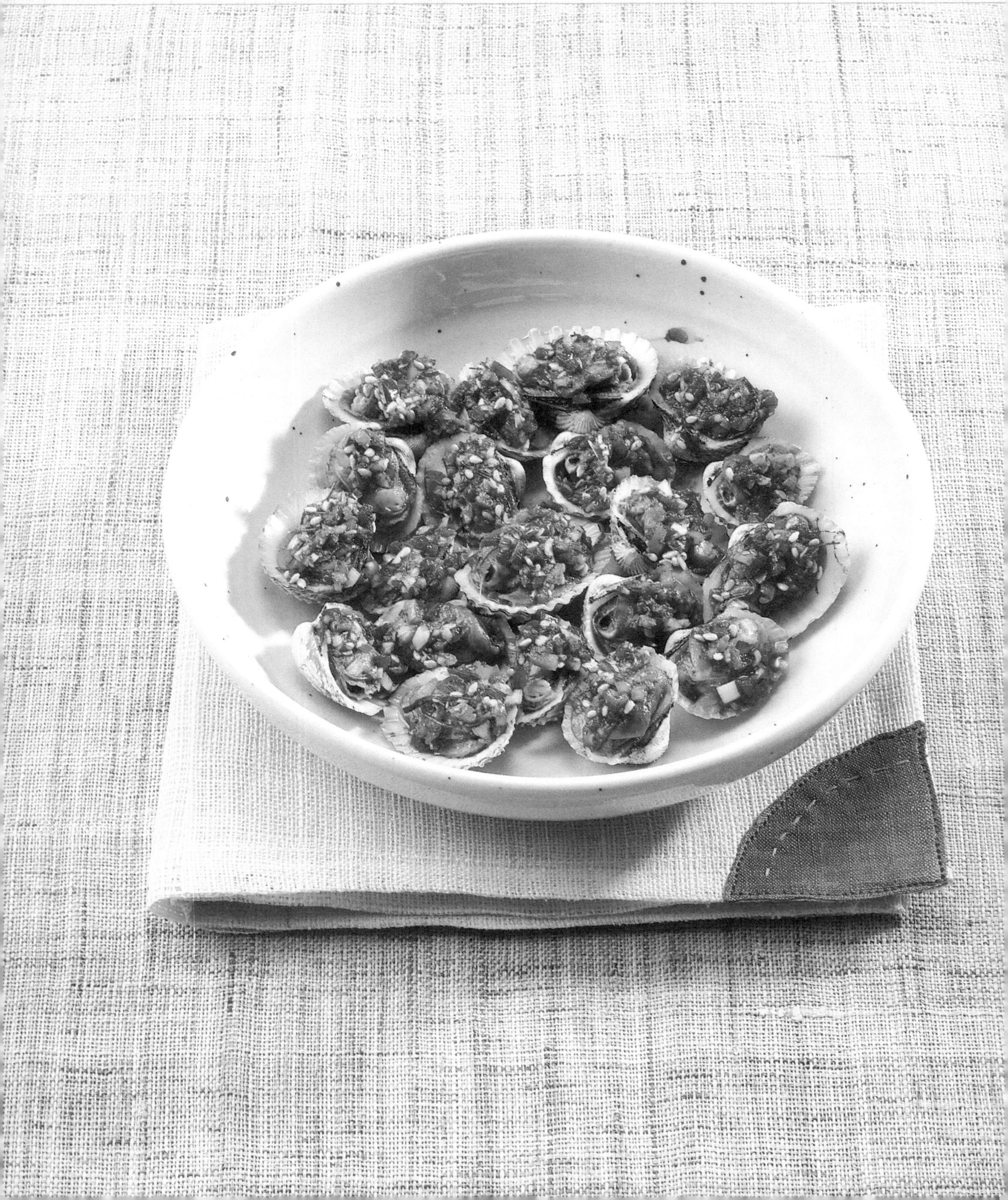

Sò huyết chan nước sốt [*]

Nguyên liệu

Sò huyết: 400g, nước, muối: vừa đủ.

Gia vị ướp xì dầu: 2 thìa canh, bột ớt: 1 thìa canh, hành lá cắt nhỏ: 2 thìa canh, tỏi xay: 1 thìa canh, gừng băm nhỏ: 1/2 thìa canh, đường: 1 thìa café, dầu vừng, hạt vừng rang, ớt đỏ cắt lát.

Cách chế biến

1 Chà rửa sò huyết dưới vòi nước chảy, sau đó ngâm với muối trong 2 tiếng, rửa sạch sạn.

2 Trộn các gia vị với nhau để làm nước sốt.

3 Cho sò huyết vào nước sôi, giảm lửa, tiếp tục luộc. Vớt sò ra khỏi nồi trước khi sò há miệng hoàn toàn.

4 Tách một bên vỏ sò ra và để lên đĩa.

5 Chan nước sốt lên trên con sò.

---

* Món ăn này rất quen thuộc đối với người Hàn

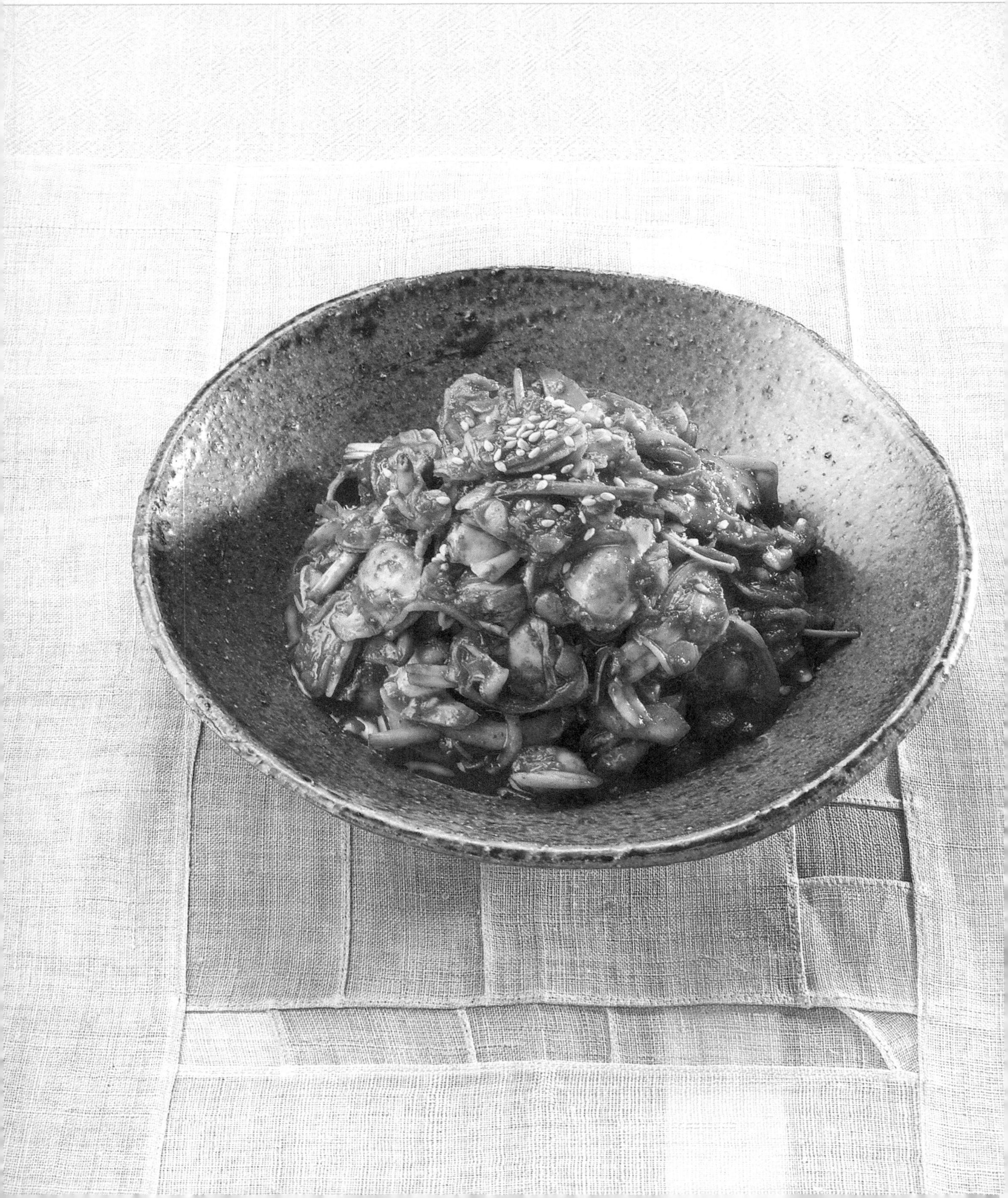

Nghêu chan nước sốt

Nguyên liệu

Thịt nghêu: 300g, bí ngòi: 400g, dưa leo 145g, rau cần ta: 80 g, cà rốt: 50g, hành lá: 30g.

Làm sốt giấm ớt tương ớt đỏ: 3 thìa canh, giấm: 3 thìa canh, bột ớt đỏ: 2 thìa canh, đường: 2 thìa café, tỏi xay: 1 thìa canh, hạt vừng rang: 1 thìa canh, muối: 1 thìa café.

Cách chế biến

1 Nước sôi cho nghêu vào, luộc sơ.

2 Cắt bí ngòi và cà rốt thành những miếng dài (5x0.3x0.3 cm), dưa leo gọt vỏ và bỏ hạt, rồi cắt miếng xéo dày 0.3 cm.

3 Cắt rau cần thành khúc dài 5cm và trụng sơ nước sôi.

4 Thái hành lá nhỏ dài 2cm. Phần hành trắng chẻ đôi.

5 Sau khi pha tương ớt với giấm, cho bí ngòi, dưa leo, cà rốt, rau cần, hành lá và thịt nghêu vào trộn đều.

Ghi chú
Có thể chọn loại nghêu khác để thay thế.

Bánh rong biển

Nguyên liệu

Rong biển: 200g, bột gạo nếp: 500g, nước hầm (nguyên liệu: cá cơm, tảo bẹ, nấm hương, nước: 1.6 lít), dầu vừng: 90 g, dầu ăn: 3 cốc, muối, xì dầu vừa đủ.

Cách chế biến

1 Lấy rời từng lá rong biển.

2 Cho bột gạo nếp vào nước hầm từ các loại gia vị trên. Dùng cái sạn gỗ quấy đều cho nó thành một hợp chất sánh như keo.

3 Đặt lá rong biển lên thớt, cho ít keo được làm từ mục 2, rắc một ít vừng hạt lên trên, lấy một lá rong khác đậy lại. Phơi ngoài trời cho khô.

4 Khi nó khô se se, cắt làm 4 miếng, lấy nylon (hoặc hộp kín) phủ lại để bảo quản. Ngay trước khi ăn thì rán sơ lại với lửa nhỏ.

Ghi chú

Khi phết keo lên lá rong biển chú ý để chúng không dính vào với nhau.

Bánh hoa cây keo *

Nguyên liệu

Hoa cây keo:300g, keo gạo nếp: 1 cốc, dầu ăn vừa đủ.

Cách chế biến

1 Rửa kỹ hoa keo, rẩy cho khô nước.
2 Nhúng hoa vào trong keo gạo. Để hoa trên khay. Phơi trong bóng râm. Nhúng lại một lần nữa, rồi đem phơi dưới ánh nắng mặt trời.
3 Đem hoa rán sơ với lửa nhỏ.

* Đây là món tráng miệng rất phổ biến từ lâu vì vị ngọt và mùi của nó rất thơm

Lá vừng rán

Nguyên liệu

Lá vừng (cỡ vừa phải), bột mì, nước đường (nước đường làm sẵn), hành lá lớn thái nhỏ, tỏi xay, gừng băm nhuyễn, muối, dầu vừng, dầu ăn.

Cách chế biến

1 Rửa sạch lá vừng. Ngâm muối khoảng 10 phút, rửa lại bằng nước.
2 Trộn với bột và hấp khoảng 30 phút.
3 Chờ cho lá vừng khô và dùng dầu rán.
4 Trộn nước đường jochung, hành lá, tỏi xay, gừng băm, muối, dầu vừng với nhau rồi đun sôi.
5 Cho lá vừng đã rán ngâm vào nước đường ở mục 4 và để nguội.

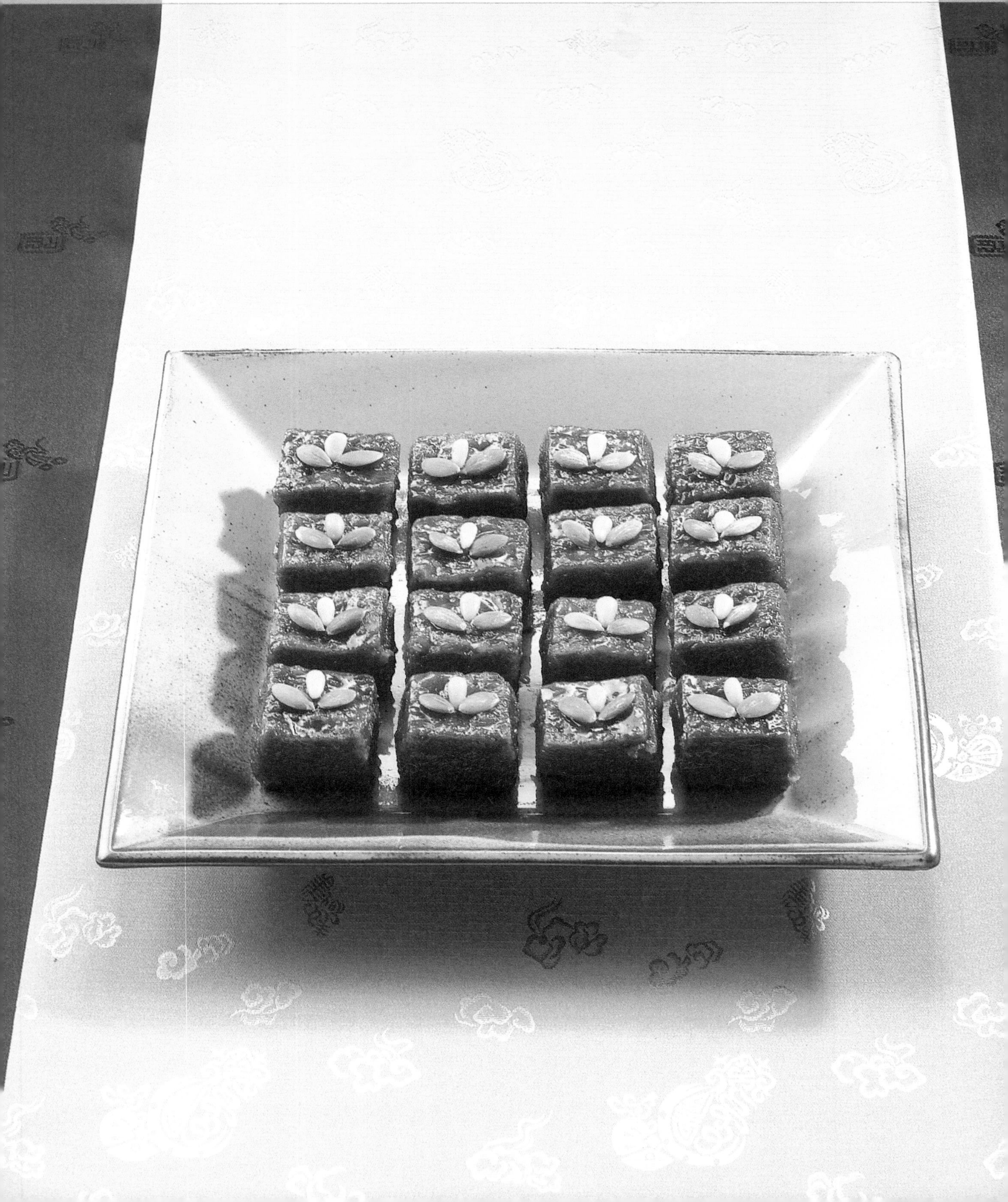

Bánh rán mật ong

Nguyên liệu:

Bột mì: 1 kg, gừng: 20g, rượusake Hàn Quốc: 1 cốc, dầu ăn: 1/2 cốc, dầu vừng 1/2 cốc, bột quế: 2 thìa canh, muối: 1 thìa canh, một vài hạt hạch.

Làm nước đường: nước đường làm sẵn: 2 cốc, đường: 2 thìa canh, nước: 200ml.

Cách chế biến:

1 Trộn bột mì, bột quế, muối, dầu vừng và dầu ăn với nhau. Khi rây lại bột, dùng tay chà bột ra.

2 Bào gừng để lấy nước, rồi hòa với rượu sake.

3 Trộn bột với nước gừng và rượu ở mục 1 và 2 với nhau để nhào bột.

4 Cán bột ra thành miếng dày 0.5cm, cắt miếng vuông 3x3cm. Khứa bốn góc hay ấn một cái lỗ ở giữa mỗi miếng bánh.

5 Rán bánh khoảng 10 phút trong nhiệt độ 150°c, 15 phút với nhiệt độ 100°c, sau đó 5 phút với nhiệt độ 150°c.

6 Hòa tan nước đường với đường và nước rồi đem đun sôi để làm nước đường. Lấy nước đường phết lên bánh đã làm ở mục 5.

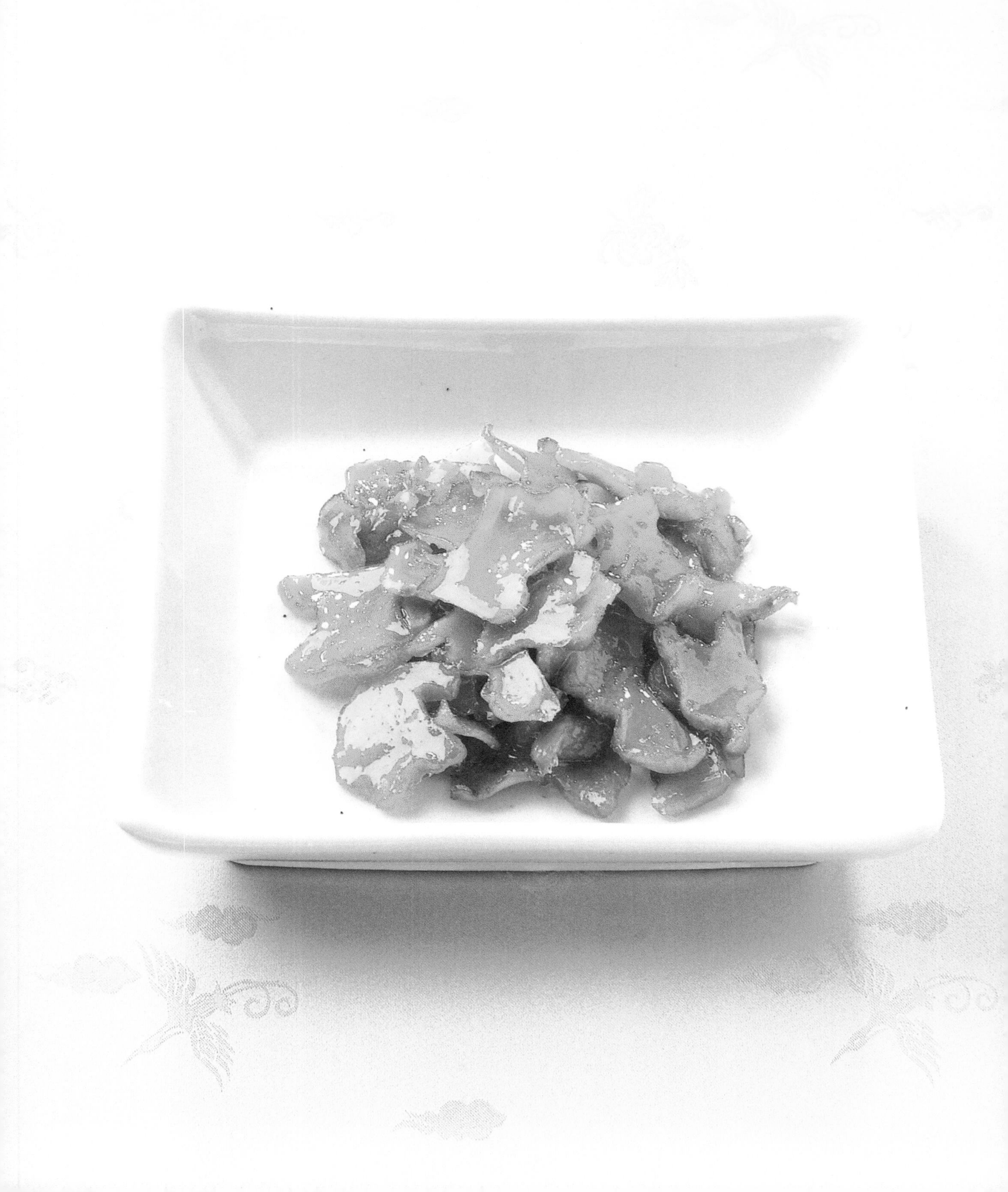

Mứt gừng

Nguyên liệu

Gừng: 100g, nước đường làm sẵn: 2 cốc, đường: 3 thìa canh, muối: 1/2 thìa café.

Cách chế biến

1 Gừng cạo sạch vỏ và cắt lát mỏng.

2 Cho một ít muối vào nước sôi, cho gừng vào và luộc sơ. Rửa gừng đã luộc và xả qua nước lạnh. Xếp gừng vào khay.

3 Đổ nước đường, đường và nước vào nồi, vặn lửa lớn, đun sôi. Cho gừng vào nồi sên, để lửa liu riu, mở nắp vung. Hớt bỏ bọt khi nó sôi.

4 Khi gừng se lại, gắp từng miếng ra, để cho nguội.

Ghi chú

Mứt gừng còn được gọi là jeongwa, là một loại mứt dẻo, có vị ngọt. Mứt này làm từ củ rau, hoa quả, cuống hoa, hạt, chẳng hạn như củ sen, torachi, gừng, sâm, trái mộc qua, chanh, táo v.v… sau đó thêm mật ong và đường. Gừng có thể sên khô để làm mứt gừng khô.

Gyeongsangbukdo

Hương vị đặc sắc, đặc trưng của các món ăn ở Gyeongbuk hiện nay được hình thành và phát triển từ lịch sử rất lâu đời của các món ăn truyền thống, các món ăn cũng phản ánh tính cách bảo thủ đặc trưng của những người dân sinh sống ở đây. Trong khu vực văn hóa An Đông các món ăn dùng trong các nghi lễ của văn hóa nho giáo, ở khu vực Gyeongju các món ăn trong cung đình, trong tế lễ rất phát triển và nhận ảnh hưởng sâu sắc từ văn hóa phật giáo thời kì Sinla.

Đồng bằng lưu vực sông Nakdong rộng lớn và màu mỡ đã tạo ra sự cung cấp thông suốt từ gạo đến các loại thịt, rau, củ, quả đa dạng, mùa nào thức ấy. Thêm nữa đây cũng là khu vực có đường bờ biển dài nhất của Hàn quốc, có biên Đông rất phong phú, đa dạng với các loài hải sản nên các thực phẩm chế biến từ hải sản có thể để được lâu ngày như nước mắm, các loại mắm cá, tôm rất phát triển. Ở vùng núi các loại lúa mạch hay Dothorimuk(Acorn Jelly Salad), khoai lang, khoai tây cũng rất phong phú. Các món ăn ở khu vực này thường rất cay và hơi mặn, ít dùng vật trang trí, cách chế biến cũng đơn giản.

Cơm trộn ghẹ

Nguyên liệu

Cơm: 840 g, ghẹ: 2 con, dưa chuột: 150 g, bí ngòi: 120g, cà rốt: 120 g, cây cát cánh: 80 g, trứng 50g, rong biển khô: 2g, muối: 1 thìa canh, dầu ăn: 1 thìa cà phê, dầu vừng đen: ½ thìa canh, tỏi băm nhuyễn: 1 thìa canh, vừng xay: một thìa canh, một ít đường.

Cách chế biến

1 Làm sạch ghẹ, lật ngửa con ghẹ lên xếp vào nồi, hấp trong 10 phút.

2 Bí ngòi và dưa chuột gọt vỏ, cắt khúc 5cm, ướp muối, vắt khô, đảo thêm trên chảo.

3 Cà rốt cắt sợi (5x0.2x0.2cm). Nấu nước sôi, rắc ít muối vào rồi luộc sơ cà rốt. Vớt cà rốt ra, nêm với muối và dầu vừng, rồi xào.

4 Củ cát cánh cắt dài 5cm và tách ra, ướp muối, bóp kỹ, luộc sơ trong nước sôi, lấy ra, xào với tỏi, muối vừng, dầu vừng và đường.

5 Trứng tách riêng lòng trắng, lòng đỏ, rán lên và cắt thành sợi (5x0.2x0.2cm).

6 Rong biển hơ qua lửa, vò nhẹ.

7 Bỏ mu và gạch, bóc chân và càng ghẹ lấy thịt.

8 Các thứ đã làm ở mục 2.3.4 xếp bên cạnh cơm, rong biển và trứng rải lên trên. Chú ý trình bày màu sắc cho đẹp mắt.

Cơm kê

Nguyên liệu

Gạo: 270 g, hạt kê: 75g, nước: 470 g

Cách chế biến

1 Gạo vo sạch, ngâm trong 30 phút.

2 Kê vo sạch, ngâm nước, chắt nước đi.

3 Cho gạo vào nồi, nấu sôi. Khi nước sôi thì cho hạt kê vào đun sôi.

4 Để thêm cho cơm chín, rồi trộn đều.

Ghi chú

Có thể cho gạo và kê vào một lúc để thổi cơm, hoặc thêm đậu đỏ, đậu nành và lúa miến (một loại kê) vào để nấu.

Mì Koenchin

Nguyên liệu

Gà: 1 con(1.3kg), trứng gà: 50g, rong biển: 4g, tỏi tây: 35g, tỏi 25g, bột mì, ớt khô (thái chỉ mỏng), nước: 3 lít, muối: 1 thìa cafe, dầu ăn.

Nguyên liệu nhào mì bột mì: 330g, bột đậu nành(đậu tương): 120g, muối: 2 thìa cafe, nước 200ml

Gia vị để nêm thịt hành xay: 1 thìa canh, tỏi xay: 1 thìa cafe, dầu vừng ½ thìa canh, vừng xay: 2 thìa cafe, muối, hạt tiêu xay.

Các loại gia vị để làm nước tương xì dầu: 3 thìa canh, ớt bột: 1 thìa canh, hành xay: 1 thìa canh, tỏi xay: 1 thìa cafe, dầu vừng: 1 thìa cafe, vừng xay: 1 thìa cafe.

Cách chế biến

1 Gà làm sạch đổ nước vừa ngập mình, cho tỏi xay và tỏi tây vào luộc cùng. Bột mì, bột đậu nành đem nhào với nước, chú ý thêm một chút muối vào nước để nhào bột.

2 Sau khi nhào thành bột, cán bột mỏng, rắc thêm bột mì khi cán, lật đi lật lại nhiều lần, sau đó thái thật mỏng theo ý muốn rồi phủi sạch bột mì bám ở trên.

3 Trứng gà rán vàng, thái nhỏ(khoảng 5x0.2x0.2cm),lá rong biển nướng qua sau đó thái dài khoảng 5cm, ớt sợi cắt khúc khoảng 2-3cm.

4 Gà chín vớt ra, lọc nước luộc gà qua một miếng vải bông mỏng sau đó nêm một chút muối vào. Thịt gà lọc xương, xé to hay nhỏ tùy theo ý muốn sau đó ướp gia vị.

5 Mì (ở mục 2) đem luộc, khi luộc chú ý bỏ thêm một chút muối. Nếu nước luộc mì tràn ra thì tiếp tục cho thêm nước lạnh vào đun tiếp, lặp đi lặp lại quá trình này khoảng 3 lần thì vớt mì ra, xả bằng nước lạnh rồi để ráo nước.

6 Cho mì vào bát(tô),xếp thịt gà, trứng gà chiên, ớt thái chỉ, lá Kim lên trên mì, đổ nước luộc gà vào tô, thêm nước tương cho vừa ăn.

Canh thịt bò Yukaejang Daegu*

Nguyên liệu

Thịt bò (ức): 600g, củ cải: 200g, giá đậu xanh: 300g, cọng khoai sọ: 200g, cọng hành lớn: 70g, nước: 3 lít, bột ớt: 2 thìa cà phê, dầu vừng đen: 1 thìa cà phê, muối: 1 thìa cà phê.

Gia vị nêm xì dầu canh: 2 thìa canh, hành lá cắt nhỏ: 1 thìa canh, tỏi xay: 1 thìa canh, vừng xay: 1 thìa cà phê, hạt tiêu: một ít.

Cách chế biến

1 Củ cải cắt khúc lớn, thịt bò bỏ vào nồi, đổ nước, đun lửa nhỏ.

2 Giá rửa sạch, trụng sơ nước sôi, xả qua nước lạnh, vắt khô.

3 Cọng khoai sọ luộc, rồi ngâm nước, sau đó cắt khúc dài 10cm.

4 Khi củ cải và thịt bò chín, vớt ra. Thịt bò thái lát mỏng, củ cải cắt miếng (2x2x0.5cm), trộn với gia vị nêm.

5 Bỏ cọng khoai sọ, hành lá vào nước luộc thịt bò và củ cải, đun lên một lúc. Sau đó cho giá, thịt bò và củ cải vào và đun tiếp.

6 Lấy dầu vừng, bột ớt và thêm ít nước canh, khuấy đều rồi nêm vào canh. Thêm muối cho vừa ăn.

Ghi chú

Món này được những người tị nạn thời chiến tranh năm 1950 sử dụng rộng rãi.

* Người ta làm món này có nước và thịt như món thịt hầm.

Củ cải trộn đậu phụ

Nguyên liệu

Củ cải: 500g, đậu phụ: 120g, muối: 1 thìa cà phê.

Gia vị nêm Bột ớt: 2 thìa cà phê, muối: 1 thìa cà phê, dầu vừng đen: 1 thìa canh, vừng xay: 1 thìa canh.

Cách chế biến

1 Củ cải thái sợi (5x0.2x0.2cm), ngâm muối, vắt khô.

2 Dùng sống dao bằm đậu phụ, cho vào vải và vắt khô nước.

3 Nêm bột ớt vào đậu phụ và củ cải, trộn với muối, vừng xay và dầu vừng.

Khô cá bơn rim

Nguyên liệu

Cá bơn khô: 200g, hạt vừng rang: một ít.

Gia vị nêm ớt khô: 2 quả, xì dầu: 4 thìa canh, tương ớt: 1 thìa canh, nước đường làm sẵn: nửa cốc, đường: 1 thìa canh, nước: 200ml, tỏi xay: 1 thìa cà phê, dầu ăn một ít.

Cách chế biến

1 Ớt khô cắt dài 1cm.

2 Cho các nguyên liệu làm gia vị nêm vào nồi nấu lên và để nguội.

3 Cá bơn khô cắt miếng vừa phải, rán lên và để nguội.

4 Trộn cá bơn với gia vị, rắc thêm hạt vừng.

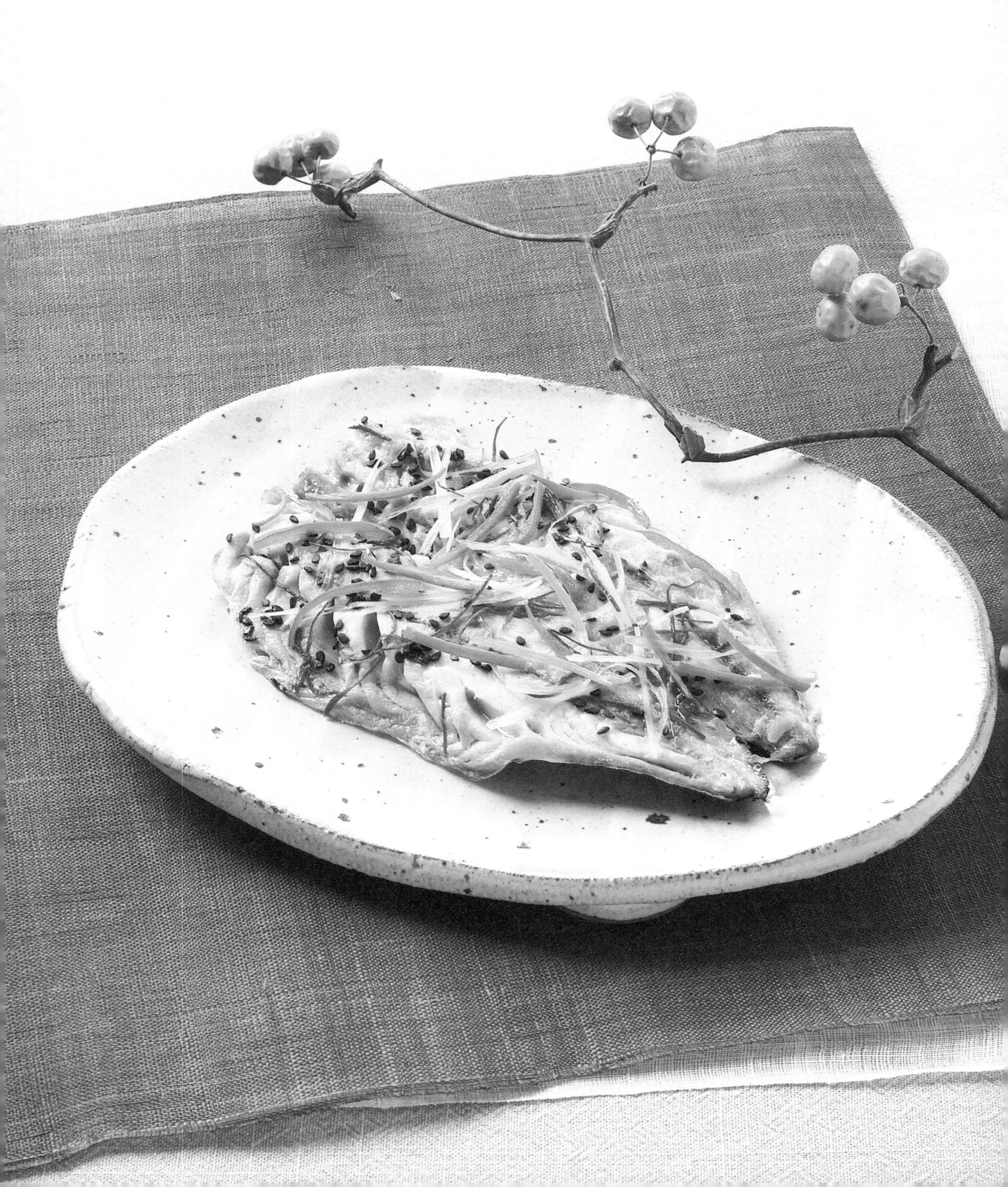

Cá thu Nhật hấp

Nguyên liệu

Cá thu Nhật ướp muối: 400g, ớt xanh: 30g, tỏi tây: 35g, hạt vừng đen: một ít, ớt trái nhỏ, nước vo gạo: 1 lít.

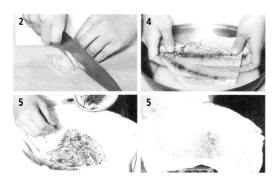

Cách chế biến

1 Ớt xanh cắt đôi, bỏ hột, cắt thành sợi (3x0.1x0.1cm).

2 Lấy phần trắng của cọng tỏi tây, cắt sợi (3x0.1x0.1cm).

3 Ớt trái loại nhỏ cắt khoanh 2-3cm.

4 Cá thu Nhật cắt bỏ đuôi, lóc xương, ngâm với nước vo gạo cho bớt mặn.

5 Lấy vải trải lên nồi, đặt cá lên trên. Ớt xanh, hành, ớt nhỏ, hạt vừng đen rải lên trên cá, rồi hấp 10 phút.

Ghi chú

Ở Andong ngày xưa khi giao thông chưa phát triển, để tránh cá bị hư người ta cho ướp muối cá thu. Nhiều nơi có món cá này nhưng ở Andong là cá ngon nhất vì thế nó đã trở thành đặc sản của vùng. Món cá thu Nhật hấp ăn với xà lát, rong biển và tương đậu.

Canh đậu

Nguyên liệu

Bột đậu nành(đậu tương): 120g, hành lá: 20g, lá hẹ: 20g, nước: 600ml
Nguyên liệu để làm nước muối: nước 2 thìa, muối: 1 thìa.

Cách chế biến

1 Hẹ và hành lá thái dài khoảng 3cm.
2 Bột đậu nành hòa đều với nước(khoảng 1 cốc).
3 Đổ khoảng 2 cốc nước vào xong rồi đun, sau đó đổ bột đậu nành đã hòa tan(ở mục 2) vào, chú ý vừa đun vừa khuấy đều tay.
4 Đun đến khi hết mùi tanh của đậu thì bỏ nước muối vào.
5 Khi đậu nành đông lại giống như đậu phụ(đậu hũ) thì cho hẹ và hành lá vào.

Ghi chú

Nếu nấu hơi có vị ngọt một chút sẽ ngon hơn.

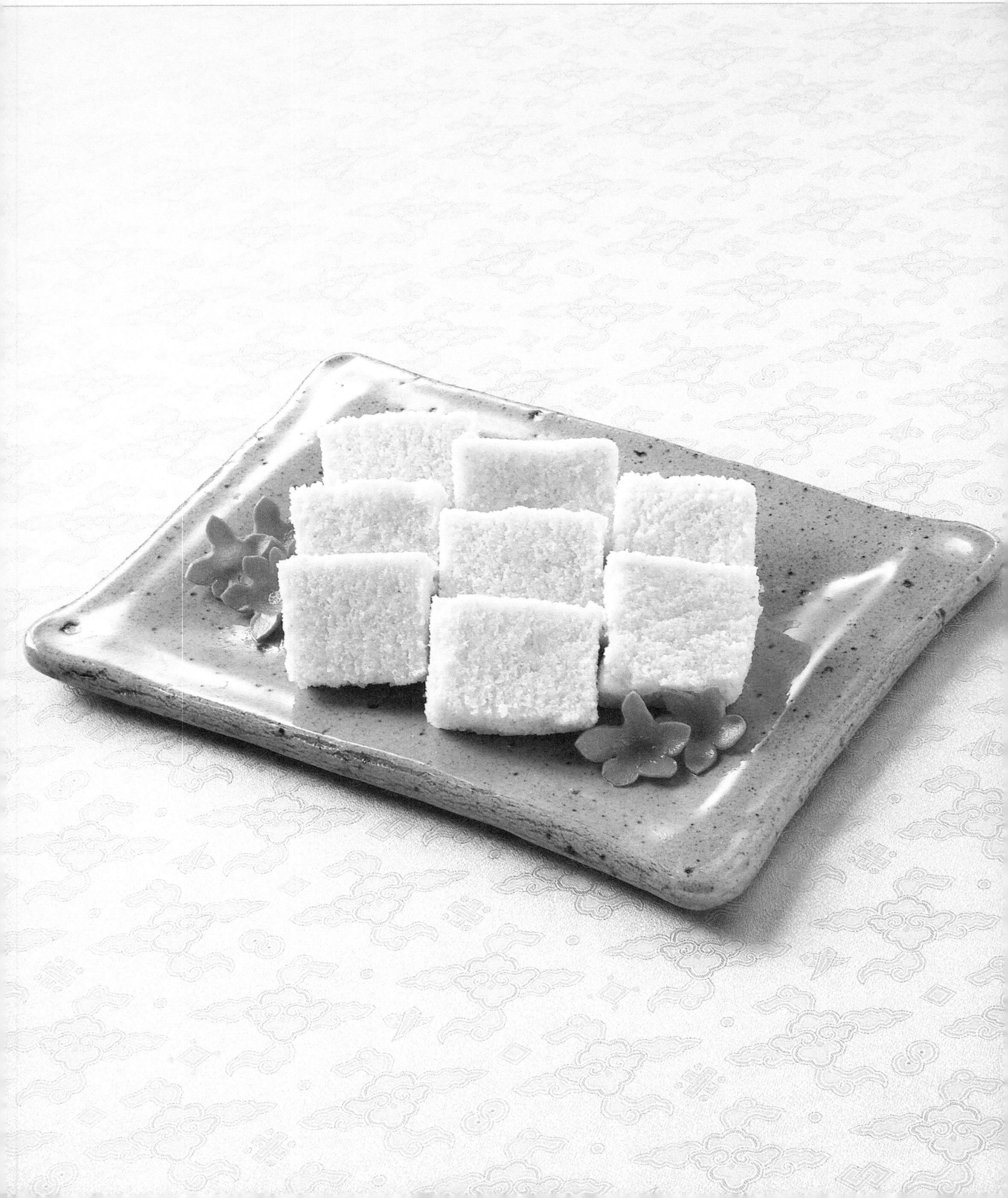

Bánh quả hồng

Nguyên liệu

Bột gạo tẻ: 1 kg, hồng chín: 3 quả, cà rốt: 75g, đường: 150g, nước đường làm sẵn: 75g, muối: 1 thìa canh, nước: 100ml.

Cách chế biến

1 Hồng chín rục, cắt bỏ phần dưới đáy trái hồng, bóc vỏ bỏ đi, đổ nước vào đun lên đến khi còn lại 1/2 cốc nước, lọc qua rây, để nguội.

2 Cà rốt tỉa hoa, ngâm vào nước đường 1 tiếng đồng hồ cho mềm.

3 Lấy bột gạo tẻ, muối và nước hồng trộn với nhau và lọc lại qua rây, sau đó trộn với đường.

4 Trải vải lên nồi hấp, cho bột đã được chuẩn bị ở mục 3 vào nồi.

5 Để tránh hơi thoát ra khỏi nồi, dùng keo bột mì dán nồi với xửng lại với nhau. Khi nước sôi, hơi bốc lên thì lấy vải phủ lên trên miệng nồi và đun thêm 15 phút.

6 Sau khi bánh chín, cắt miếng vừa phải và rải cà rốt lên trên mặt bánh cho đẹp.

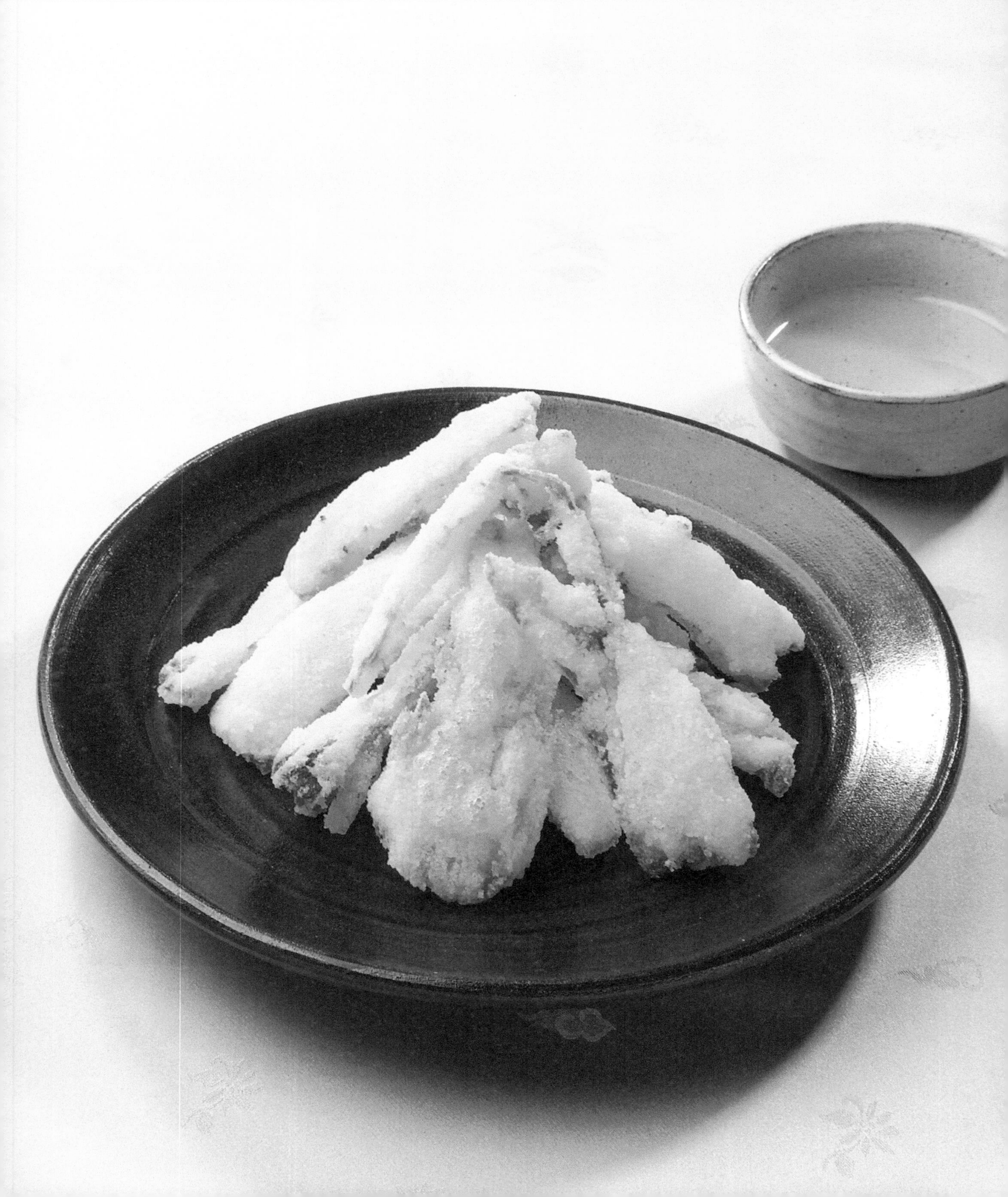

Bánh deodeok
(Một loại củ mọc trên rừng có tác dụng tương tự như sâm)

Nguyên liệu

Củ deodeok: 200g, bột gạo nếp: 50g, nước: 200ml, mật ong: 2 thìa canh, muối: 1 thìa cà phê, dầu ăn vừa phải.

Cách chế biến

1 Bóc vỏ củ deodeok, đập dập, ngâm vào nước muối một lúc, lấy ra và để cho ráo nước.

2 Củ deodeok lăn vào bột gạo nếp.

3 Đổ dầu vào chảo và rán ở nhiệt độ 160 độ C.

4 Ăn với mật ong.

Ghi chú

Có thể rắc đường lên bánh và ăn cũng rất ngon.

[Gyeongsangnamdo]

Khu vực Gyeongnam rất đa dạng về cả nông- thủy sản vật, điều này tạo nên đặc trưng trong phong cách ẩm thực của khu vực đó là sự hài hòa của các món ăn, sự cân bằng về dinh dưỡng trong bữa ăn. Các món ăn được chế biến từ các loại cá rất đa dạng như: gỏi cá, cá nướng, cá kho, cá rán, canh cá, đặc biệt là các loại cá muối, mắm cá rất thịnh hành.

Món Kalguksu(một món mì của HQ) ở đây có mùi vì rất đắc trưng và đặc biệt hấp dẫn, món mì này co mùi vị được làm ra từ sò hay cá cơm. Ở các địa phương thuộc đồng băng vào mùa hè có rất nhiều các món ăn được chế biến từ các loại rau, củ, quả tươi như: rưa chuột, bí, cà tím, ớt, cà chua, còn vào mùa đông thì các món ăn lại chủ yếu được chế biến từ các loại nguyên liêu khô. Ở khu vực này do khí hậu rất ấm áp nên thức ăn rất nhanh hư và để tránh điều này thì người ta sử dụng nhiều muối để nêm nên các món ăn thường có vị mặn. Miền Nam cung cấp dồi dào nước mắm cá cơm và cá cá cơm khô nên người dân ở đây chủ yếu dùng nước mắm cá cơm để muối các loại Kimchi và nêm hầu hết tất cả các món ăn.

Trong các dịp lễ hội lớn người dân ở đây hay dùng các loại hải sản như: Sò Honghap, Sò Jeonbuk, bạch tuộc, thịt cá mập để làm các món Salad hay các món xiên nướng. Người ta cũng hay luộc ăn các nông sản như : khoai lang, khoai tây, bí, họ cũng hay ăn các món như Memilmuk, Dothorimuk, Milteok, Kaeteok. Các món ăn thì ít trang trí và cách chế biến cũng đơn giản.

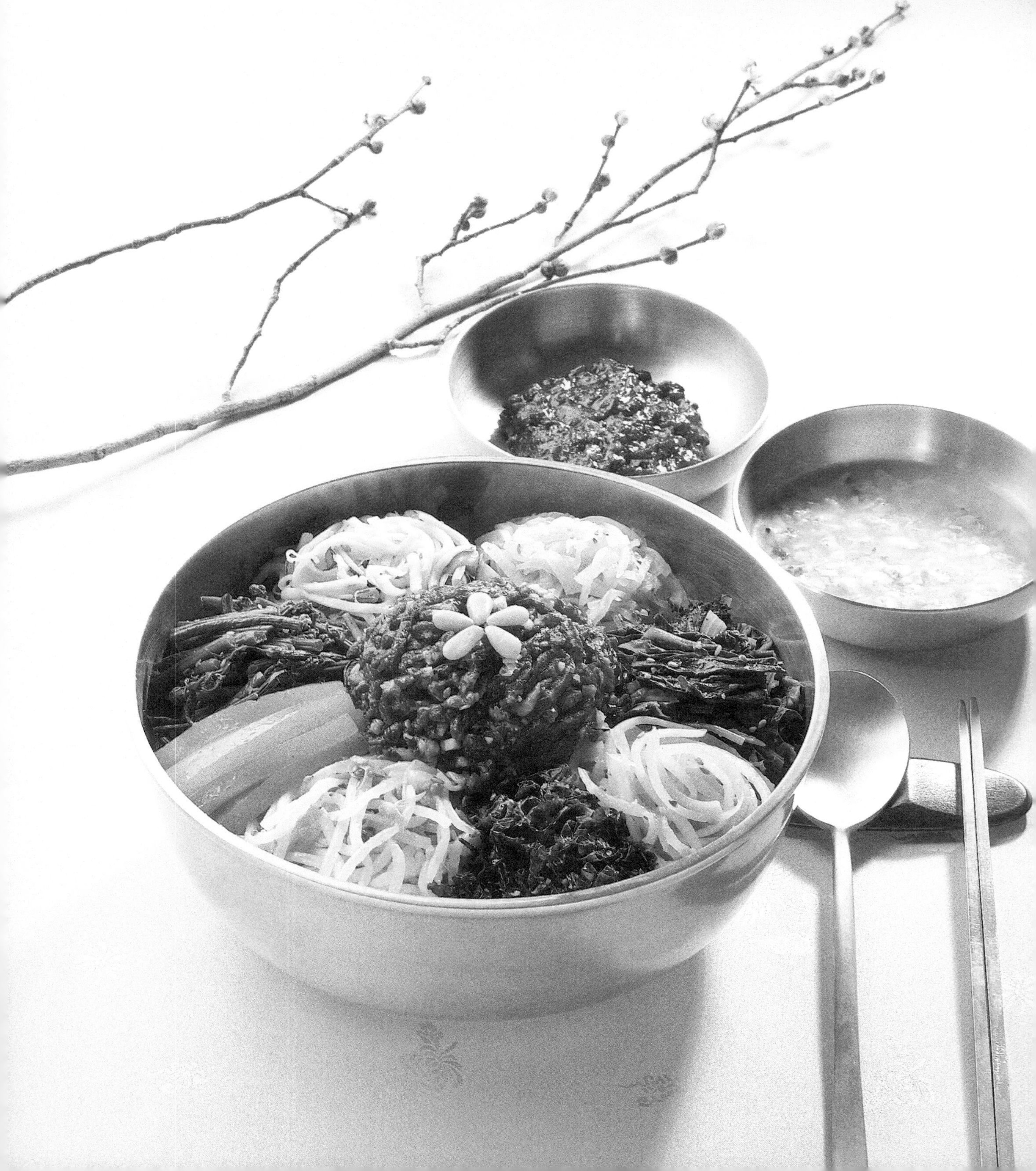

Bibimbap kiểu Jinju

Nguyên liệu

Gạo: 360g, nước: 470ml, giá đậu xanh: 130g, giá đậu nành: 130g, bí nòng: 100g, củ cát cánh: 100g, rau gosari: 100g, thịt bò: 200g, thạch đậu xanh: 100g, rong biển khô: 10g, củ cải: 100g, hạt dẻ: 10g, tương ớt với mạch nha: 2 thìa canh, xì dầu canh: 1 thìa canh, muối vừng: 1/2 thìa canh, dầu vừng: ½ thìa canh.

Gia vị nêm thịt bò cắt lát dầu vừng: 2 thìa canh, đường: 1 thìa, tỏi xay: ½ thìa, tỏi tây cắt nhỏ: 1 thìa canh, vừng xay: 2 thìa café, một ít muối và tiêu.

Nguyên liệu làm nước hầm Nghêu: 130g, xì dầu canh, nước: 100ml

Cách chế biến

1 Ngâm gạo cho mềm trong vòng 30 phút rồi đun sôi.

2 Thái thịt thành từng lát mỏng và ướp với gia vị.

3 Ngắt bỏ rễ và đầu cộng giá đậu xanh và giá đậu nành. Luộc sôi.

4 Dùng nước sôi trụng riêng rau bó xôi, và rau gosari.

5 Bí ngòi, củ cải, cát cánh thái lát mỏng (5×0.2×0.2cm), rồi bỏ vào nước sôi luộc sơ.

6 Dùng tay xé lá rong biển, thạch đậu xanh thái miếng (5×0.5×0.5cm)

7 Ướp xì dầu canh, muối vừng và dầu vừng vào từng loại nguyên liệu đã chuẩn bị ở mục 3,4,5,6, sau đó trộn đều.

8 Rửa nghêu sạch sẽ. Cho nghêu và nước vào nồi và nấu sôi. Nêm vào đó xì dầu canh để làm nước dùng.

9 Múc cơm cho vào thố. Sắp xếp các nguyên liệu đã chuẩn bị ở mục 7 sao cho màu sắc phù hợp với nhau. Rẩy nhẹ nước dùng ở mục 8 lên trên. Thịt bò thái lát đã ướp gia vị để lên trên cùng.

Dùng thêm hạt dẻ để trang trí thố cơm trộn. Cơm này được ăn cùng nước dùng và tương ớt mạch nha.

Cơm cuốn rong biển kiểu Chungmu

Nguyên liệu

Gạo: 360 g, rong biển khô (tảo biển): 8g, mực: 200g, củ cải: 150g, nước: 470g, một ít muối.

Gia vị nêm mực bột ớt: 2 thìa canh, xì dầu: 2 thìa canh, tỏi xay: 1 thìa café, tỏi tây thái nhỏ: 1 thìa café, muối vừng: 1/2 thìa café, muối: 1/2 thìa café, đường: 1/2 thìa café, dầu vừng: 1 thìa café, một ít tiêu đen.

Gia vị nêm củ cải mắm tôm: 1 thìa canh, bột ớt đỏ: 2, 5 thìa canh, tỏi xay: 1 thìa café, tỏi tây thái nhỏ: 1 thìa café.

Cách chế biến

1 Vo gạo và ngâm trong nước 30 phút cho mềm.

2 Lột bỏ da mực và bỏ mực vào nước đang sôi, luộc sơ. Cắt miếng dài 2x4 cm, rồi nêm với gia vị.

3 Củ cải cắt miếng xéo, rắc tí muối, rồi rửa sạch, để khô.

4 Rong biển cắt thành 6 miếng. Múc cơm để vào giữa miếng rong biển và cuối tròn. Ăn cơm cuộn với củ cải và mực đã làm sẵn.

Ghi chú

Trước đây phụ nữ thường đựng món cơm cuốn, kimchi củ cải và mực trong một cái thố bằng gỗ mang đi bán trong các chuyến tàu biển chạy giữa Tongyeong và Busan. Món này được gọi là "Chungmu gimbap"(cơm cuốn rong biển khô) và còn gọi là Halmae ("bà") gimbap. Món này xuất hiện khi cơm và thức ăn được dùng riêng để tránh cho cơm bị hư hỏng trong thời tiết mùa hè. Đầu tiên người ta dùng bạch tuộc, nhưng nay dùng mực thay cho bạch tuộc.

Cháo củ từ

Nguyên liệu

Gạo: 300g, củ từ: 250g, nước: 1.6 lít, muối: 1 thìa café, một ít mật ong.

Cách chế biến

1 Ngâm gạo cho mềm. Đổ ra rá cho ráo nước rồi xay nhuyễn.

2 Củ từ gọt vỏ rồi bào lấy bột.

3 Dùng gạo đã xay để nấu cháo. Cho thêm củ từ và tiếp tục cho sôi thêm một lúc. Nêm thêm muối.

4 Khi ăn dọn thêm mật ong.

Ghi chú

Cháo còn được nấu bằng củ từ, đậu nành, bột khoai tây. Chúng ta cũng có thể trộn củ từ luộc với gạo ngâm để nấu cháo.

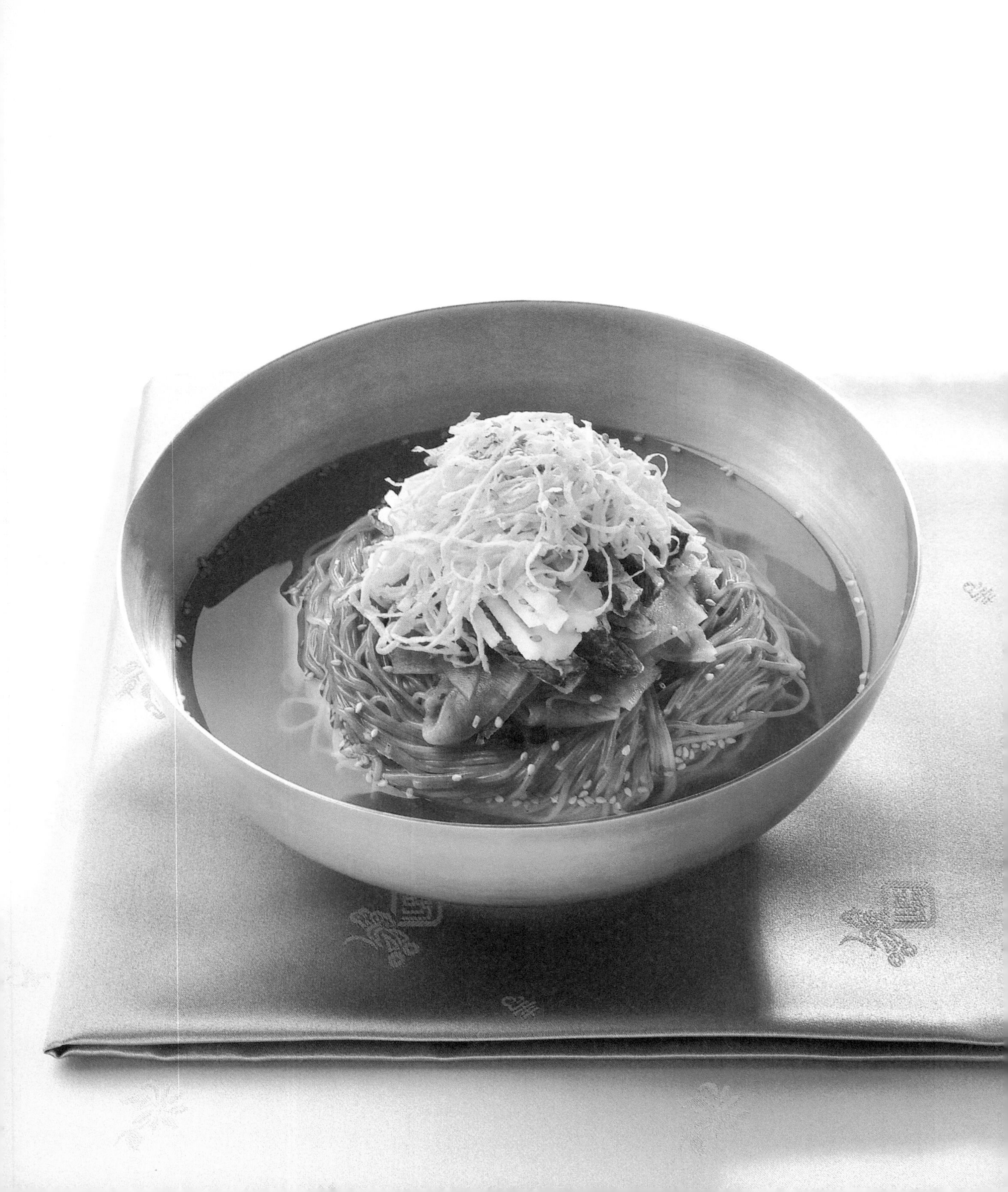

Mì lạnh kiểu Jinju.

Nguyên liệu

Mì kiều mạch (mì tươi): 600g, kimchi củ cải: 150g, thịt bò (thịt lợn): 150g, trứng: 50g, lê: 120g, một ít ớt tươi thái lát, một ít hạt hạch, một ít dầu ăn, nước hầm (làm từ hải sản được liệt kê dưới đây): 1.2 lít.

Gia vị nêm thịt bò xì dầu: 1/2 thìa canh, tỏi tây thái nhỏ: 2 thìa canh, tỏi xay: 1 thìa café, dầu vừng, đường, vừng xay, tiêu xay: mỗi thứ một ít.

Làm nước bột tinh bột: 1 thìa cafe, nước: 1/2 thìa canh.

Làm nước hầm hải sản: đầu cá pollack khô, tôm khô, sò khô, một ít nước.

Cách chế biến

1 Cho các nguyên liệu để nấu nước hầm vào nồi và đun lên cho đến khi sôi.

2 Thịt bò thái lát mỏng và ướp với gia vị. Trứng đánh tan và nhúng thịt bò vào. Đổ dầu vào chảo và rán thịt bò. Sau khi rán cắt thịt bò thành từng sợi có bề ngang 1cm.

3 Kim chi củ cải chất sạh nước. Lê gọt vỏ và cắt miếng dày 0.5cm.

4 Trộn kỹ nước bột với số trứng còn lại và tráng trứng thật mỏng, sau đó cắt sợi (5x0.2x0.2cm).

5 Ớt đỏ thái sợi dài 3-4cm.

6 Luộc mì sợi và xả nước lạnh, làm như vậy vài lần. Cuộn mì lại bỏ vào tô.

7 Xếp thịt bò, kimchi củ cải, lê, trứng thái sợi, ớt đỏ, hạt hạch lên trên cuộn mì. Đổ nước hầm hải sản lên trên.

Ghi chú

Kiều mạch đã được trồng nhiều ở núi Jiri, vì vậy món mì lạnh này rất được người trong vùng ưa chuộng. Nơi có món mì lạnh Pyeongyang hiện nay nằm trên địa phận của Triều Tiên, còn đây là mì lạnh Jinju ở Hàn Quốc.

Canh nghêu

Nguyên liệu

Nghêu: 800g, hẹ: 20g, nước: 1,6 lít, muối: 1.5 thìa café.

Cách chế biến

1 Ngâm nghêu trong nước muối (sử dụng 1/2 thìa café).

2 Hẹ cắt khúc dài 0.5cm.

3 Cho nghêu vào nồi và đổ ngập nước. Khi nó bắt đầu sôi, gỡ thịt nghêu ra khỏi vỏ và nêm muối (1 thìa café). Trước khi tắt lửa cho hẹ vào nồi.

Ghi chú

Ở Hàn Quốc nghêu còn gọi là gaeng shellfish, có nghĩa là nghêu ở sông. Chúng ta có thể thêm bột ớt và tương đậu vào canh.

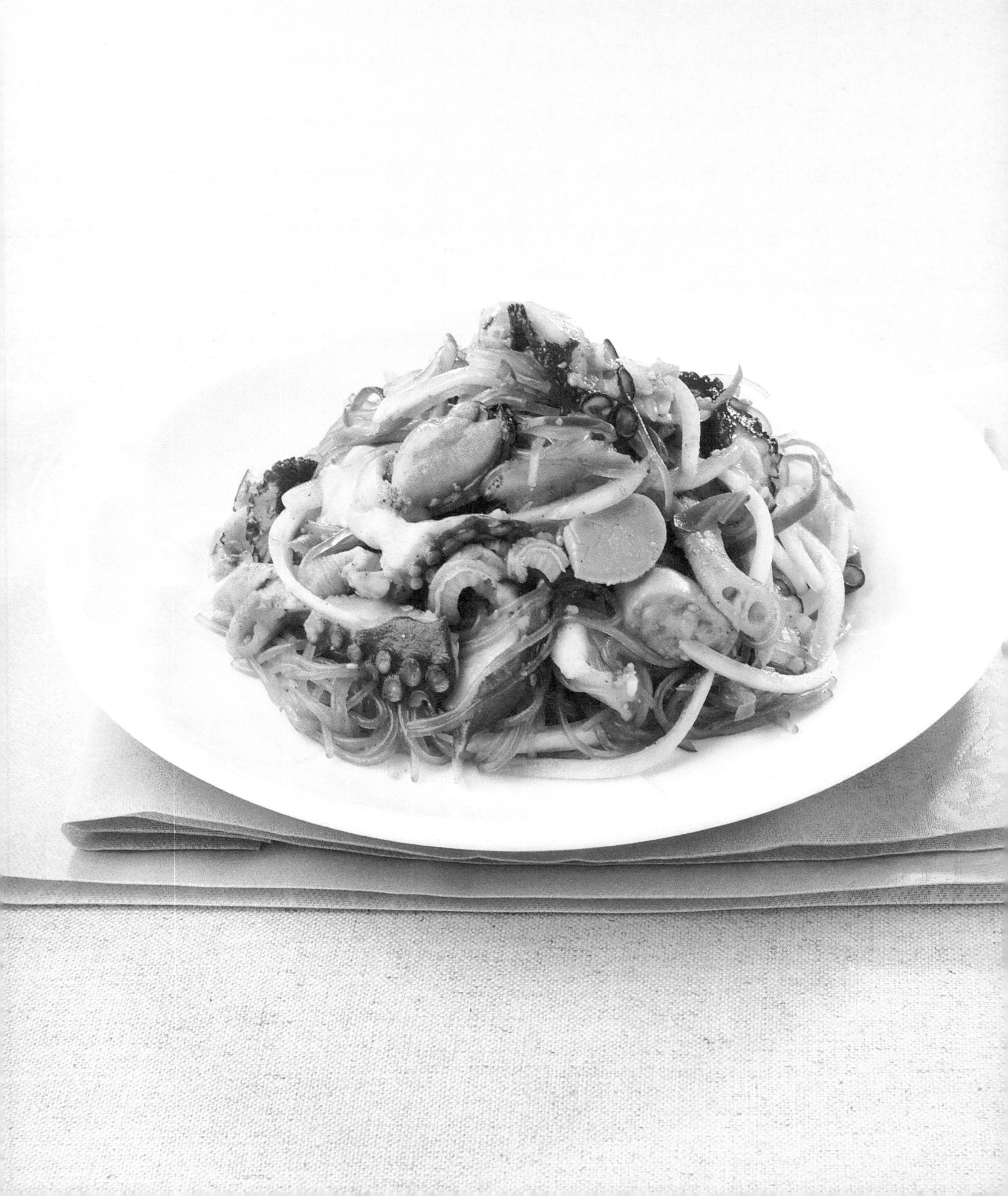

Miến xào hải sản

Nguyên liệu

1/ 2 con bạch tuộc, con trai: 110g, bào ngư: 85g, ngao: 50g, hành tây: 80g, ớt xanh: 30g, miến: 50g, dầu ăn: 1 thìa café.

Gia vị nêm miến xì dầu: 1 thìa canh, đường: 1/2 thìa café, một ít dầu vừng.

Gia vị nêm đồ xào xì dầu: 1 thìa canh, dầu vừng: 1 thìa café, đường: 1 thìa café, tiêu xay.

Cách chế biến

1 Cho bạch tuộc vào nồi và hấp lên. Cắt xéo thành từng miếng.

2 Bào ngư và trai, nghêu, luộc sơ từng loại, cắt xéo thành từng miếng nhỏ.

3 Hành tây cắt miếng dày 0.3cm. Ớt xanh chẻ đôi, bỏ hạt, rồi cắt thành những miếng bằng miếng hành tây.

4 Ngâm miến cho mềm. Luộc sơ rồi cắt thành khúc. Nêm thêm gia vị và xào.

5 Dùng dầu vừng để xào hành và ớt xanh.

6 Trộn miến, trai, nghêu, bào ngư, bạch tuộc, hành tây, ớt xanh với nhau, rồi nêm bằng gia vị dành cho đồ xào.

Thịt bò xào kiểu Eonyang

Nguyên liệu

Thịt bò: 600g, lê: 90g, một ít hạt vừng rang.

Nước nêm xì dầu canh: 1.5 thìa canh, đường: 1.5 thìa canh, tỏi tây: 2 thìa canh, tỏi xay: 1 thìa canh, mật ong: 1 thìa canh, nước bột đường: 1 thìa cafe, dầu vừng: 1 thìa café, một ít tiêu xay.

Cách chế biến

1 Thịt bò cắt thành miếng dày: 3x5cm.
2 Lê gọt vỏ, bỏ hạt, bào để lấy nước. Ướp thịt bò với nước lê trong 30 phút.
3 Cho thêm gia vị và trộn đều.
4 Trải một tờ giấy gió vào lò nướng. Xếp thịt bò lên trên tờ giấy trong lò nướng. Nướng thịt bò, rắc ít nước lên giấy.
5 Dùng một tờ giấy gió khác đậy lên trên thịt bò. Lật mặt và nướng tiếp. Rắc lên ít hạt vừng rồi ăn.

Rau cần rán

Nguyên liệu

Rau cần ta: 200g, trứng: 100g, thịt bò xay: 70g, bột gạo tẻ: 75g, bột mì: 55g (1/2 cốc), ớt xanh: 30g, ớt đỏ: 30g, muối: 1 thìa café, nước: 100ml, một ít dầu ăn.
Gia vị nêm hành lá thái nhỏ" 1/2 thìa canh, vừng xay, một ít dầu vừng và tiêu.

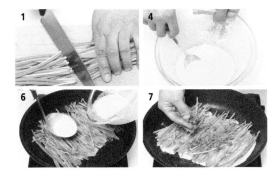

Cách chế biến

1 Cần thái khúc dài 20cm.
2 Ớt xanh và ớt đỏ thái xéo 0.2cm.
3 Đập trứng ra, cho thêm nước và đánh đều.
4 Bột mì và bột gạo. Nêm muối và trộn với trứng đã đánh đều.
5 Thịt bò nêm với gia vị và rán sơ.
6 Đổ dầu vào chảo, cho cần vào và đổ bột đã làm ở mục 4 lên trên.
7 Để thịt bò, ớt xanh, ớt đỏ lên trên cần rồi rán chín.

Ghi chú

Chú ý rau đừng làm chín quá. Đầu tiên rán sơ hải sản và thịt bò, sau đó trộn với rau rồi rán chúng với nhau.

Mứt củ cát cánh(torachi)

Nguyên liệu

Củ cát cánh: 300g, đường: 180g, mật ong: 2 thìa canh, nước đường làm sẵn: 40g, một ít muối, nước: 400ml.
Làm nước hạt sơn chi tử: trái dành dành: 2 quả, nước: 140ml.

Cách chế biến

1 Chà củ cát cánh với muối, cắt khúc dài 5cm.
2 Nấu nước sôi, cho thêm ít muối và bỏ cát cánh vào luộc sơ. Ngâm trong nước lạnh 20-30 phút cho ra bớt vị chát.
3 Cho cát cánh vào đường, và nước, rồi đun sôi, hớt bọt bỏ đi.
4 Khi nước cạn còn một nửa, cho nước hạt sơn chi tử, nước đường vào rồi giảm lửa, sên thêm một lúc nữa cho đến khi nước cạn gần hết.
5 Cuối cùng cho thêm mật ong.

Ghi chú

Miếng mứt có nước đường gọi là jinjeonggwa (mứt ướt), còn mứt có nhiều đường hơn gọi là ggeonjeonggwa (mứt khô). Cần chú ý độ dày và bề ngang của các loại nguyên liệu phải đều nhau.

Mứt củ cải

Nguyên liệu

Củ cải: 200g, nước đường làm sẵn: 200ml, muối: ½ thìa café, nước: 200ml.

Cách chế biến

1 Cắt củ cải hình bán nguyệt có độ dày 0.5cm.
2 Hòa ít muối vào nước và luộc sơ củ cải. Xả qua nước lạnh rồi để cho nguội. Đổ vào một cái rổ cho ráo hết nước.
3 Hòa nước đường với nước (200ml) và đổ vào nồi đun sôi. Đổ củ cải đã làm ở mục 2 vào nước đường và sên mứt.

Mứt củ sen

Nguyên liệu

Củ sen: 300g, đường: 180g, nước đường làm sẵn: 2 thìa canh, một ít muối, nước: 400ml.
Nước Ngũ vị tử Ngũ vị tử 100g, nước: 100ml.
Nước giấm giấm: 1 cốc, nước: 400ml.

Cách chế biến

1 Gọt vỏ củ sen, cắt lát có độ dày: 0.5cm, rồi ngâm vào nước giấm.
2 Đun sôi nước rồi thả củ sen vào luộc sơ. Ngâm trong nước lạnh một lát, đổ ra rổ cho ráo nước.
3 Cho củ sen, đường, muối, và nước vào một cái nồi rồi đun sôi. Hớt bọt đổ đi.
4 Khi nước cạn còn một nửa, cho nước Ngũ vị tử vào, giảm lửa và sên mứt.
5 Thêm nước đường và tiếp tục sên. Cho thêm mật ong.

Jejudo

Đảo Jeju là nơi có nhiều núi cao và cũng là nơi chịu nhiều tác hại của gió, của hạn hán. Ở đây nước rất quý hiếm nên nông sản vật không đa dạng, không phong phú Ở đây có nhiều các món ăn khác hoàn toàn với các món ăn của các khu vực khác, cách chế biến các món ăn cũng rất đơn giản. Đặc trưng của các món ăn ở đây là hầu như không có gia vị, mùi vị chủ yếu là mùi vị của nguyên liệu dùng để chế biến món ăn. Kĩ thuật bảo quản ở đây cũng không phát triển nên hầu như sử dụng các nguyên liêu là các loại hải sản tươi, các loại rau tươi, người dân ở đây cũng ăn nhiều các loại rau biển. Bình thường người dân ở đây hay ăn các loại rau trộn, rau tươi hay các loại mắm cá, mắm tôm, cá muối, Kim chi, tương tươi, canh tương, cơm độn các loại ngũ cốc.

Kiều mạch và khoai lang tán*

Nguyên liệu

Bột kiều mạch: 300g, khoai lang: 630g, đường, muối: 1 thìa canh.

Cách chế biến

1 Gọt vỏ khoai lang, cắt miếng dày 3cm.

2 Đổ nước vào nồi, cho ít muối và bỏ khoai lang vào luộc.

3 Khi khoai lang gần chín, rắc bột kiều mạch và đảo đều cho đến khi chín kỹ.

4 Khi bột kiều mạch chín, có màu trong thì tắt lửa.

Ghi chú

Khoai lang trồng ở Jeju thì có vị ngon hơn.

* Khoai lang được phụ nữ Mỹ ưa chuộng vì nó rất hiệu quả trong việc ăn kiêng.

Cá hồng om với đậu nành
(Ureok kong jorim)

Nguyên liệu

Cá hồng: 3 con, đậu nành: 70g (1/2 cốc), ớt xanh: 15g, ớt đỏ: 15g.

Gia vị làm nước nêm nước: 4 thìa canh, xì dầu canh: 4 thìa canh, bột ớt đỏ: 2 thìa cafe, đường: 1 thìa canh, tỏi xay: 1 thìa canh, dầu ăn, một ít hạt hạt vừng.

Cách chế biến

1 Rửa qua đậu nành, bỏ vào nồi rang lên.

2 Bỏ hết ruột bên trong con cá, rửa thật sạch. Khứa xéo 2 khứa

3 Thái ớt xanh và ớt đỏ dài 0.3cm. Làm nước nêm với các gia vị nêu trên.

4 Cho cá, đậu nành, ớt vào nồi, chế nước nêm lên trên. Om chúng cho đến khi nước cạn còn một nửa.

Ghi chú

Cá hồng ăn ngon nhất là từ mùa xuân đến mùa hè.

Cá hồng màu hơi đen ngon hơn.

Rau cải trộn

Nguyên liệu

Rau cải: 300g, muối(một chút)

các loại tương dùng làm gia vị tương đậu: 2 thìa canh, tỏi xay: ½ thìa canh, dầu vừng: 1 thìa canh, vừng xay:1/2 thìa canh.

Cách chế biến

1 Rau cải rửa sạch, luộc vừa chin tới, vớt ra xả bằng nước lạnh.

2 Trộn đều tương đậu, tỏi xay, vừng xay, dầu vừng để làm gia vị.

3 Bỏ gia vị vào rau cải rồi trộn đều.

Ghi chú

Rau cải hay còn gọi là pheongji, ở đảo Jeju còn gọi là jirum. Lá rau cải được chế biến thành món rau trộn, làm thức ăn phụ. Quả được dùng để chể biết thành dầu thực vật dùng trong nấu ăn, trong y học, trong công nghiệp.

Bánh kiều mạch[*]

Nguyên liệu

Bột kiều mạch: 5 cốc, nước: 1.6 lít, củ cải: 800g, hành lá nhỏ: 100g, muối: 1 thìa café, vừng xay: 1 thìa café, dầu vừng: 2 thìa café, dầu ăn.

Cách chế biến

1. Bột kiều mạch trộn với nước ấm pha muối, nhào thành bột.
2. Cắt củ cải thành miếng (5x0.3x0.3cm) và đem luộc chín. Rẩy cho ráo nước. Hành lá thái nhỏ dài 0.3cm.
3. Nêm dầu vừng, muối và vừng xay vào củ cải và hành ở mục 2, trộn đều để làm nhân.
4. Đổ dầu vào chảo. Múc một ít bột kiều mạch cho vào chảo rán (bánh có đường kính 20cm).
5. Gắp bánh đã rán ở mục 4 để ra đĩa. Múc một ít nhân đã làm ở mục 3, để vào giữa bánh. Cuốn tròn và dùng ngón tay bóp dẹp hai đầu bánh lại.

Ghi chú

Hiện nay người làm bánh nhỏ hơn, đường kính khoảng 10cm.

Trước đây, phụ nữ ở đảo Jeju khi đi ăn giỗ thường mang theo một cái rổ bánh kiều mạch.

Thỉnh thoảng, đậu đỏ được dùng thay cho củ cải để làm nhân. Bột kiều mạch còn làm đặc và hấp như kiểu bánh bao và được gọi là Maemil mandu tteok. Nếu kiều mạch đem xay bột sau khi xay mạch nha hay đậu nành trong cùng một cái cối, thì làm giảm chất lượng, bánh bị bở. Khi rán nếu để quýt bên cạnh bột kiều mạch thì bánh cũng dễ bị hư.

---

[*] Bánh kiều mạch cho bữa tiệc thì thật là lí tưởng.

Nước trái dâu quạ
(crowberry)

Nguyên liệu

Trái dâu quạ (crowberry): 2kg, đường (mật ong): 1.5kg (10 cốc), nước.

Cách chế biến

1 Rửa nhẹ trái dâu quạ, để cho ráo.
2 Rải đường lên từng lớp dâu và bỏ vào hũ thủy tinh, để ngâm khoảng một tháng đến khi dâu quạ chảy ra nước cốt. Đổ nước ra một lọ thủy tinh khác để dễ bảo quản.
3 Pha nước cốt với nước lạnh hay nước nóng tùy khẩu vị mỗi người.

Ghi chú

Trái dâu quạ có nguồn gốc từ núi Halla ở đảo Jeju có vị thơm. Màu đen hơn màu trà ngũ vị tử.

한국전통향토음식(베트남어)

초판 1쇄 인쇄 2020년 6월 10일
초판 1쇄 발행 2020년 6월 20일
지은이   국립농업과학원
펴낸이   이범만
발행처   **21세기사**
등록   제406—00015호
주소   경기도 파주시 산남로 72-16 (10882)
전화 031)942-7861 **팩스** 031)942-7864
홈페이지   www.21cbook.co.kr
e-mail   21cbook@naver.com
ISBN 978-89-8468-872-8

정가 20,000원